檀一雄

男子漢的家常菜

檀流クッキング

檀一雄——著
章蓓蕾——譯

目次

夏季至秋季

秋季至冬季

冬季至春季

前言

時間過得真快，我在《產經新聞》連載「檀流料理」已經滿一年了。讀者或許覺得奇怪，像我這種百分之百的門外漢，在這兒公開自己的料理方法，究竟能有什麼用？但我認為，門外漢的說明才更容易讓門外漢理解，所以我這個專欄說不定真的能提供各位些許幫助呢。

更何況，過分地妄自菲薄，也不是好事。

就拿飛行員來說吧，飛行時數之類的經歷，大家好像都非常重視，如果料理也適用的話，那我實際從事料理的時數，可能已經累積得相當驚人，即使只論經驗或年資，不瞞各位，我的烹飪經歷已經快滿五十年了。

當初之所以被迫走進廚房洗手做羹湯，主要是因為在我九歲那年，母親離家出走了。

我父親是小地主家的兒子，老家在九州的柳川。父親是學校教師，那時我們全家都跟他一起到足利去走馬上任。

就是在那個時候，母親突然拋下我們跑掉了。天下大概再也沒有比這更令人措手不及的事吧。我下面還有三個妹妹，都還沒上小學。

如果父親的老家柳川就在附近，我們兄妹幾人大概立刻就會被祖父母接回去，或者，也可能是祖母或女傭從柳川過來照顧我們。

不，就算那時住在足利，我們想要雇個女傭應該也是沒有問題的。

但父親卻有意地隱瞞了當時的緊急情況。或許因為教師這種職業的面子問題，或許害怕別人在背後議論，也可能因為他對母親還不死心，心裡懷著「馬上就會回來」的痴心妄想，他就那樣磨磨蹭蹭，維持著原地踏步的狀況，一直拖了很久很久。

當時我們每天三餐吃的，全是外賣便當。如果是像京都那裡先進發達的外賣業者製作的便當，可能我們就會一直吃下去吧。但那個鄉下小城的便當，真是沒辦法連著每天吃。而父親打從出生以來，連一頓飯都沒煮過，更別說做菜了，而且身為學校教師，總不能不顧自己的身分和面子吧。

更過分的是，就因為自己是個吹鬍子瞪眼的老夫子，父親連出去買條魚或買根蘿蔔，也是千萬個不甘願。為了填飽全家的肚子，所有炊事只能由我一肩挑起，從買菜到做飯，都由我一手包辦。

當時還沒發明電鍋、電爐，也沒有瓦斯爐，那真是個一無所有的時代。

泡麵之類的速成食品當然也沒有，如果當時也有像現在的超市之類的商店，我想我大概早就變成速成食品的信徒了吧。

反正，那時不論是煮飯還是燒菜，我都得用炭爐或土灶解決。

現在回想起來，也有許多有趣的經驗。譬如第一次學會使用太白粉勾芡的瞬間，心裡真是欣喜萬分啊。那種驚喜的感覺，直到今天都記得一清二楚。

我又想起自己學會製作果醬的瞬間，那也是一次愉快的記憶。

在世界上，再也沒有比買菜更令我喜愛的工作了。我總是到處亂逛，一下跑去蔬菜店，一下又到鮮魚店，每天非得出門購物三、四趟才罷休。

而且，還不止在日本國內採購，我想，說不定全世界的菜場都被我跑遍了吧。

我的嗜好就是到處旅遊、流浪，我想自己的這個嗜好可能跟我喜歡出門採購也有密切關聯。對我來說，到了一個陌生的地方，就應該到處蒐購當地的魚類、蔬菜，然後有樣學樣，按照當地人的作風把各種食材煮熟後送進肚裡。

我對外國的同化能力與適應能力似乎強得不得了，跟俄國人在一起的時候，我就吃俄國菜，碰到了朝鮮人，我就跟他們一塊兒吃朝鮮料理。我不像有些人，連喝一碗味噌湯，也非要追求「媽媽的味道」不可。這種歸巢本性，我好像極為缺乏。不，應該說，我一直深信，自己才是世界的中心，「媽媽的味道」是中心以外的東西，只要我在各處遊走，當地的食物滋味就是我的味道。

就像這樣，我跟著朝鮮人、中國人、俄國人……等一起生活、一起品嘗、一起做菜，並且從旁觀察，然後再品嘗，再料理，我就像個沒頭蒼蠅似的，來來回回反覆嘗試，這輩子好像就這樣走過來了。

本書裡寫的就是上述的些許經驗，期待各位讀者也跟我一起嘗試，如果能聽到讀者說：「我已經試過那道菜。」「這道菜我也做過了。」我將感到萬分欣喜。

昭和四十五年六月

追記——本書（日文書名《檀流料理》，產經新聞社出版局）初版發行後，已經過了好多年。這次「中公文庫」決定改版印行，我便藉此機會，重新檢視內容。儘管肉類蔬菜的價格比當初上漲許多，但這些數字並不影響料理方法，所以我決定直接付梓，不再修改內容。

昭和五十年九月

春季至夏季

鰹魚半敲燒

從現在起，我將在專欄裡跟大家聊聊各種食物，同時也把烹調與品嘗這些食物的方法一併傳授給各位。

眾所周知，我不是什麼料理專家，更不是什麼烹飪大師，我只是一個從十歲開始就自我摸索，大膽嘗試，自己做飯給自己吃的男人。

只因我生性放蕩，喜歡流浪，曾經漫無目的地到處徘徊遊蕩，足跡踏遍全國大街小巷。我在旅途上吃到各地的魚蝦、貝類，蔬菜、海草，也親眼見習這些食物的烹調法，還跟著當地居民按照各地的方式，自己動手試做、品嘗。

即使到了中國，我也是到處亂跑，有時跑進沙漠的蒙古包裡大嚼涮羊肉，有時又在湖南省少數民族的廚房裡學著烹製狼肉。

喔，就連羅宋湯、俄羅斯鮮魚湯的作法，我也跟俄國人學過。還有韓國烤牛肉、韓國烤排骨，因為我跟韓國人一起住過，對這兩樣料理的作法早已駕輕就熟。所以我希望廣泛而詳盡地把世界各國料理介紹給各位，並且跟各位一起烹飪、品嘗。不僅如此，我也會留心選用廉價而多樣的食材，做出任何人都願意吃，並且吃得開心的料理。

今天的第一道菜，我選了「鰹魚半敲燒」。因為現在正是日本風景最美的季節[1]，身為日本人，我想用這美好季節中最令人過癮的料理作為我們開篇第一講。

嫩葉入眼簾，耳聞不如歸啼聲，貪心食初鰹[2]。

這首俳句現在幾乎無人不知無人不曉。但在江戶時代，曾有一段時期，搶先品嘗剛上市的鰹魚，是江戶子表現時髦與講究的標誌，大家寧願把衣服送進當鋪，也必須買些初鰹來嘗一嘗。

據說就是因為這種風潮，當時初鰹的價格曾飆高到令人難以置信的程度，按照今日的物價來看，當時一條鰹魚的價格大約相當於現在的數萬圓日幣。

鰹魚通常是順著黑潮邊緣洄游北上，因為黑潮邊緣的海域水質清澈、溫暖，每年二、三月的時候，鰹魚游到台灣附近，三、四月時北上到九州、伊豆七島。大約到了四、五月，鰹

1 本書收集的文章是作者從一九六九年二月起，在《產經新聞》發表的連載專欄。連載一直持續到一九七一年六月。

2 初鰹：指每年四、五月剛上市的鰹魚。

魚游到了野島岬的外海，這時正好也就是杜鵑鳴唱，初鰹上桌的時期了。

說起鰹魚半敲燒，這道菜原本只是高知地方作風豪爽的皿鉢料理[3]當中的一部分。

做這道菜之前，首先需要準備鰹魚。像現在這種季節，不論哪家鮮魚店都在賣鰹魚，通常是把魚的身體縱切為四等分，我們就買一段四分之一塊魚肉，如果你喜歡吃魚背的部分，就買魚背，也有些人喜歡亮光閃閃的魚肚皮，那就買魚腹的部分也可以。

回家以後，用兩根燒烤鐵串垂直插入連皮帶肉的整塊鰹魚，燃起一堆稻草，把鰹魚放在火上短暫烤炙，直到魚肉表面微白，卻又夾著幾許焦黑。這時，在魚皮表面薄薄地抹一層食鹽，再用菜刀咚咚咚地把魚肉切成片狀，每片的厚度大約跟木屐底部的屐齒一樣。切好的魚片全部平鋪在砧板上。另外用一個杯子裝入醬油與醋，分量各半，並混入大量蔥絲，之後，把整杯調料倒在魚片上，分量要能蓋住全部的魚片，緊接著，用刀柄或手掌在魚片上，乒乒乓乓一陣亂敲亂拍，這才是鰹魚半敲燒的平造[4]。

調料裡的醋不拘任何種類，苦橙醋、醋橘醋、檸檬醋……等，都可用來製作調料。

鰹魚半敲燒上桌後，一般人還喜歡沾些芥末粉調製的芥末醬，或是配上蒜片一起吃。據我所知，畫家向井潤吉的夫人是高知人，她烤炙鰹魚肉的時候，還要另外找些紫蘇枯葉，先把枯葉整理曬乾之後，加入稻草中一起焚燒，使鰹魚在烤炙之後，稍帶幾絲紫蘇的香味。除此之外，她的鰹魚半敲燒只有一種配料，就是香蔥。其他像大蒜、芥末之類，一概不用。而我自己做這道菜的時候，是把鰹魚肉放在瓦斯爐上燒烤，先用專門烤魚的鐵板遮住火焰，把紅磚排在瓦斯爐周圍，才把插在鐵串上的鰹魚架在磚上炙烤。

鰹魚肉烤好之後，我並不切片，而是先抹一層食鹽，直接將檸檬汁、醬油、蔥、山椒葉、大蒜、綠色紫蘇葉、蘿蔔泥……等佐料全部鋪在整塊魚肉上，用手砰砰砰地亂敲亂拍一陣，等到佐料的味道都滲入魚肉，才把魚塊切成三公分厚的魚片。我覺得魚片混著佐料的植物纖維並不好吃。

---

3 皿鉢料理：日本高知縣和三重縣等地的鄉土料理，專在宴會和集會時提供。太平洋沿岸地區各處都有同類料理，桌上擺滿直徑四十公分以上的大盤，盤裡盛裝各種各樣的飯菜，客人自己從盤裡挑選自己喜歡的食物放進小盤食用。

4 平造：切魚的一種刀法，將刀刃與魚肉呈直角狀向下切。因為作者叫大家用手垂直往下敲擊魚片，所以開玩笑說，這才是真的平造。

什錦肉粽

五月五日端午節快到了，今天我們要介紹中國式肉粽的作法。所謂中國式肉粽，就是指那些包著各種餡料的什錦肉粽，通常在台灣、香港或廣東等地商店門口都能看到，經常掛著好大一堆在那兒。

端午節這個節日原是從中國傳來的。相傳從前有一位詩人名叫屈原，他因為不滿時政，跳進汨羅江自殺了。屈原的姊姊對弟弟的死感到非常悲痛，每年到了他的忌日那天，為表達紀念之意，便把肉粽丟進江裡，端午節也就由此誕生。我曾經去過汨羅，那條江是湘江的支流，也是一條很美的河流，水流清澈得連河底都看得見。

好，下面就來介紹一下什錦肉粽的作法。一升[1]糯米大約可做二十個粽子，所以我們得先準備二十張竹葉。竹葉在雞肉店之類的商店可以買到。

唯有竹葉這項材料，沒辦法用其他東西代替，因為沒有竹葉的話，就沒辦法把粽子做出來。如果實在買不到，各位請聽我一句勸：到築地的中央市場去找找看吧。我猜，有些讀者讀到這兒，可能就要生氣罵人了吧？但這是我們一年才做一次的什錦肉粽，總要付出一點努力才行呀。

除了竹葉之外，其他材料如下：雞雜四百公克、五花肉四百公克，另外還需要香菇和白果。可以的話，最好也準備一點新鮮栗子。還有像百合根、黑木耳等材料，也很適合用來做粽子。

把一升糯米洗淨，放在水裡浸泡一晚。製作前一小時，才把糯米倒進淘米籮，濾乾水分。

等待糯米濾乾的這段時間裡，我們先把五花肉切成適中的小塊，放進大碗，同時也把雞雜清理乾淨（並不是真的用水洗，而是把內臟上的脂肪、血污之類無用的雜質剔除），一起放進大碗。事先準備好蒜泥、薑泥、清酒和食鹽（或淡味醬油）等調味料，也倒進大碗，讓碗裡的材料先浸泡入味。這段入味的時間，大約三十分鐘到一小時，各位請先做好心理準備，另外還要請各位注意，浸泡後剩下的調料，我們等一下還要把汁液倒進糯米裡。濾乾的糯米可先裝在壽司桶或木製飯桶裡，沒有這些道具的話，也可把洗臉盆之類的道具拿來活用。

香菇、白果、鮮栗子、百合根……等材料，我認為直接跟豬肉一起浸泡也沒問題，但有些人會希望每個粽子裡的配料分量都能均等，如果您也是這種想法，不妨把這些材料裝在另

---

1 一升：約等於一點八公升。

一個大碗裡吧。

準備妥當後，我們把剛才浸泡入味的豬肉和雞雜，連同調味料一起倒進糯米裡，細心攪拌，要讓糯米全都沾到調味料。

攪拌之後，如果覺得味道太淡，可以再加些食鹽，但盡量不要把味道調得太鹹。

也可事先用熱水浸泡少許番紅花，連同熱水一起倒進糯米，並加以攪拌。這樣粽子做出來的顏色才比較好看。此外，糯米裡面還可倒進少許麻油。

接下來，把混好材料的糯米包進竹葉裡，盡量弄成三角飯糰那樣，形狀固定之後，用繩子捆起來。不管什麼形狀都無所謂啦，只要包好以後，糯米不會漏出來就算包得不錯了。如果想讓每個粽子裡的材料均等，那就在包粽子的時候一個一個慢慢裝進去吧。包好之後，我是直接用壓力鍋蒸煮肉粽，如果您家裡沒有壓力鍋，也可學我從前的作法，找一個鍋蓋能蓋緊的大鍋，滿裝一鍋水，把粽子放進去慢煮，一直煮到粽子變得鬆軟為止。前後大概需要三、四個小時吧。

肉粽變冷之後，每次吃的時候最好重新蒸熱再吃。可沾些醋、醬油、麻油製成的調味醬，味道應該很不錯吧。

竹筍的竹林燒

竹筍的季節到了。每年的這段時期，我就開始追著竹筍到處亂跑。

說起竹筍，京都真不愧是竹筍料理發源地，每座竹林的管理、覆土、更新等工作都做得非常完善，所以京都竹筍的價格就算比別處稍微昂貴一些，我也覺得心甘情願、理所當然。而且京都的竹筍料理仍舊保留了當地風味，盤中的竹筍周圍總是放些灰若布[1]作為點綴，另外再配些山椒嫩芽，不論在色彩或嗅覺上，都有畫龍點睛之效。所以說，眼下真是日本料理最美味的季節。

但我忙著追逐的，倒不是那麼高級的竹筍。我現在亟欲達成的心願，只想隨便找一座竹林，撥開竹枝竹葉，深入林中，挖些竹筍出來，當場燃起野火，把那竹筍現烤現吃，吃個過癮。

按照我以往的經驗，凡是河川附近稍含砂質和紅土的土壤裡長出來的竹筍，毫無例外，

1 灰若布：生長在鳴門海峽的裙帶菜，以傳統製法撒上草木灰之後曬乾製成。

味道肯定都很鮮美。

京都竹筍的美味自不待言，但我覺得自己少年時代住過的久留米市高良內一直到福島[2]附近，這片土地的竹筍應該也很可口，味道絕不會比京都竹筍遜色。

為了證明我的推測，去年我曾託人介紹，幫我在高良內找到一處竹林，從林中挖出了竹筍，當場烤熟後大快朵頤。哎呀！那滋味真令人感覺體內立即充滿竹筍帶來的幸福呢。

雖說任何食物都是新鮮的好吃，但竹筍和玉米卻必須現挖現嚼，否則那種鮮美的滋味立即會在瞬間消失。

現在，我要向各位介紹一道最野蠻的竹筍料理。全世界大概也找不出比我更奢侈的吃法了，因為竹筍一定要從竹林裡挖出的瞬間才最美味呀。

我們需要的隨身物品有：挖竹筍的鐵鍬、螺絲起子一把、白蘿蔔一根（胡蘿蔔也行）、醬油、清酒和火柴。

首先，請隨意挖出兩、三根大小適中的竹筍。

竹筍皮不要剝……只需把斷面的泥土擦乾淨，將螺絲起子插進斷面的正中央，設法把竹節部分拔出來。其實新筍內部的纖維部分質地一致，並沒有什麼竹節或中空的分別，我們只需用起子把筍芯部分的軟組織拉出來。最好先在地上鋪一塊塑膠布，再用螺絲起子挖洞。因為筍芯的軟嫩碎片掉在泥地太可惜了。

用螺絲起子挖個直徑約兩隻拇指那麼粗的洞就夠了。洞挖得太大也不好。挖好之後，把鮮醬油灌進洞裡。做這件事之前，先把一段蘿蔔（或胡蘿蔔）削成瓶塞狀，灌完醬油之後，用白蘿蔔瓶塞堵住洞口。再到林中找些枯葉、枯枝，燃起野火。待竹筍的洞口塞上白蘿蔔瓶塞之後，把竹筍插進火堆，最好讓筍身的一半埋進灰燼裡。

烤竹筍的過程中，盡量讓竹筍的根部向上，這樣才能防止醬油溢出，並且比較容易控制火候，讓火焰集中在竹筍根部。

如果想吃得更奢侈些，此時可以在竹筍根部澆些清酒。再烤上一陣，看竹筍烤得差不多，就從火中拿出來，切成塊狀，開懷大嚼吧。

除了醬油之外，也可改用豆醬或醬油麴[3]灌入竹筍。

今年一直到現在，還沒有任何一座竹林邀我去挖竹子，我只好在家用烤箱安慰自己了。先把竹筍倒放在一個耐熱玻璃杯裡，放進烤箱去烤。可惜竹筍並非現拔，沒法弄出竹林裡那種現烤的味道。林中現挖的竹筍根本不需用米糠水或洗米水浸泡去除苦澀。對現代都市的一般家庭來說，新筍還是做成「若竹煮」比較合適。煮前先花點時間，把竹筍的苦澀去除乾淨，然後放進柴魚屑和昆布煮成的湯汁裡，加些淡味醬油，慢火煮成「若竹煮」，煮時必須

2 福島：指福岡縣八女市的福島町。現已劃分為稻富、本町、本村等三個行政區。

3 醬油麴：製作醬油時使用豆、米、麥等進行發酵，發酵中的醬油即醬油麴。

留意保持竹筍本身的色彩。若布必須等到快要起鍋時才放進去，否則很容易煮爛，會把整鍋料理都弄得黏呼呼的。

西班牙式魷魚和中式魷魚

西班牙料理當中利用魷魚和章魚製作的菜肴種類很多，不論在巴塞隆納或是馬德里，幾乎西班牙全國各地都能吃到這類料理。

譬如有一種料理叫做「普比托斯」，這個「普比托斯」究竟是指魷魚和章魚的總稱，還是指魷魚和章魚做成的料理？我也不太清楚。

記得好像是在馬德里的馬約爾廣場吧，那裡有家餐廳叫做「普比托」，就是專門提供魷魚料理的飯店。而在巴塞隆納，也有各種各樣提供「普比托斯」的大小餐廳。他們把小得跟指尖似的小章魚做成「墨煮」，也用大魷魚做成「墨煮」，西班牙人真的很擅長烹製魷魚和章魚的「墨煮」。

「墨煮」的作法實在太簡單，味道又鮮美，我覺得日本人盡可大膽模仿，放手烹製，開懷品嘗這份美味。

不論任何種類的魷魚都可以拿來做這道菜。長槍烏賊、北魷、墨魚、螢火魷……凡是能買到的魷魚類，都可以拿來試試看。

首先，讓我們到鮮魚店買一條完整的魷魚。如果老闆把魷魚的內臟或墨囊扔了，我這道「普比托斯」就做不成了，所以大家一定要叮囑老闆「不用處理」。

魷魚帶回家之後，全身只有軟骨和嘴巴棄置不用，其他的部分，包括肝臟和墨囊，全都亂刀切成大塊。

把內臟、肝臟、墨囊等細心地混在一起，簡單地說，就跟製作魷魚鹽辛[1]基本醬料的作法一樣。

加入少許食鹽，如果再加些生葡萄酒或清酒，味道當然會更好，或者也可再放一小撮番紅花。喔！當然，只放胡椒鹽和清酒，味道也是很不錯的。

魷魚放在調料裡大約浸泡十五分鐘就夠了。

接著，我們把橄欖油倒進平底鍋，換成沙拉油也沒問題。油倒進鍋裡，丟進一粒壓扁的蒜瓣，還有一整根辣椒。這一點請大家一定要照做，因為這是我在巴塞隆納特別向廚師確認過的。

好，爐火轉為猛火，等鍋中冒出白煙時，就把魷魚等材料一口氣投進鍋裡，加入奶油，翻炒片刻，這道菜就做好了。

裡頭的大蒜和辣椒可以揀出來丟棄。西班牙人吃這道菜時，通常是用麵包沾著那黑漆漆、黏呼呼的汁液一起享用的。

接下來，還要介紹一道我在香港吃過的「蝦油炒魷魚」。做這道菜時，盡量挑選雪白的魷魚，做出來才比較漂亮。魷魚腳預先燙熟，身體部分最好把皮剝得乾淨一點。

剝完皮的魷魚切成寬三公分、長五公分的小片，再把魷魚片縱向放在砧板上，橫切四、五刀，不要切斷，這樣魚片看起來有點像暖簾，也有點像佛手。

魚片放進調味料浸泡一會兒。調味料的成分包括：清酒、蝦油、大蒜、生薑。

等材料入味之後，把油倒進平底鍋或中華鍋，大火猛炒，瞬間翻炒結束。最後倒進太白粉加水製成的溶液，等鍋中變成黏稠狀態時，這道菜就算完成了。

不論是西班牙式作法或中式作法，兩者都不能把魷魚放在鍋裡慢慢煎煮，因為魷魚變硬就不好吃了。順便再說明一下，「蝦油」在中華料理店應該能買得到。

1 鹽辛：把海鮮和內臟用鹽醃起來，經過發酵、成熟等過程而製成的食品。

韭菜炒豬肝（內臟料理1）

我正在中國的小鎮上閒逛，忽然看到大路旁有一間商店，店前陳列著煮得很漂亮的豬舌、豬肝、豬心，我便上前點了一份。店家立刻撈出滷煮，咚咚咚一陣快切，端上桌來。這種滷味配饅頭一起吃味道非常好，也可以單獨拿來當作下酒菜。我還看到有些小孩也會買一點，用紙包著一面走一面吃。

從前這種賣滷味的店裡，總會看到許多蒼蠅圍著煮好的豬腸飛來飛去，老闆身上穿得破破爛爛，衣服早已被豬油磨得油光閃亮。老闆一把抓起滷煮豬腸，丟在木椿做成的砧板上，揮刀切成小塊。但在中國解放之後，現在這種商店看起來比從前乾淨多了，連砧板都洗刷得一乾二淨，板面甚至還刷得起毛。現在中國的火車站月台也有這種賣滷煮的攤位，身穿白衣的小販從大鍋裡撈出滾燙的豬雜，切好之後，用紙包著交給顧客。

我覺得這些滷煮豬雜，很像日本車站裡出售的鐵路便當。通常我都會多買一些，晚上再偷偷拿出來當下酒菜。

好吧，讓我們言歸正傳。接下來的文章裡，我將利用豬舌、豬心……等材料，向各位介紹各種內臟的吃法。

或許有人覺得，內臟這種東西怎麼能吃？這種想法可就不對了。這類食物只要經過妥善處理，照樣可以做出美味佳肴。這也算是人類智慧的結晶吧。

日本人生性愛乾淨，做出來的料理也像是專給潔癖吃的。為了達到這個目的，日本人總是絞盡腦汁，發明一些浪費又奢侈的吃法，反而把許多食物重要又好吃的部分棄置不用。更糟糕的是，這種想法和作法，早已根深柢固地深深刻印在日本人的心底。而造成這種結果的原因，我想是因為日本的歷史上，曾經有很長一段時期禁止百姓殺生，所以大家早就把烹製鳥獸的方法忘得一乾二淨了。

現在的日本人似乎只會挑動物身上柔軟多肉的部分吃，而把更重要、更美味的部分統統扔掉了。

所以，今天我們進入正題之前，希望大家能把以往那些偏見、先入為主的想法都暫時擱置一邊。

不久前，一位媽媽帶著五、六歲的女兒到我家來玩。我端出一大盤滷好的豬心、雞心招待她們，那位小姑娘高興極了，抓起滷豬心就吃，而那位媽媽卻露出了無奈的表情。

一般的父母都像那位媽媽一樣，總是在不知不覺中，把偏見或先入為主的觀念灌輸給孩子。

下面就讓我們開始做菜吧。由於豬舌和豬心、豬肝等內臟全都是連在一起的，所以各位到肉店買材料時，要特別吩咐店家：「要一份豬舌和豬心連在一起的豬雜。」

這樣對店家說明的話，應該就沒問題了吧。通常我會買一副豬肝也連在上面的豬雜，但是豬肝體積很大，一般家庭很難一下子用掉整塊豬肝，所以請您只要買一副豬舌連豬心，另外再買一片豬肝即可。

現在，就讓我們介紹一道作法簡便的料理。

豬肝約二百公克，亂刀切成塊狀，大小剛好可以一口吃下。豬肝切好後，放進水裡浸泡十分鐘左右。這個步驟是為了清除血污。泡淨的肝臟濾乾水分，放進飯碗或大碗裡，加入少許蒜泥與薑泥，再淋上少許醬油與清酒，放置約二十分鐘，目的是為了讓豬肝入味。

好，材料準備妥當之後，中華鍋裡放些豬油，猛火加熱，同時將適量太白粉撒在豬肝上，用指尖抓幾下。待鍋中冒出白煙時，把碗裡的豬肝迅速倒入鍋裡，快炒幾下，看到豬肝表面有些焦黃，內部也已半熟時，便把事先切成小段的韭菜撒下去，一起翻炒。等到韭菜有些變軟時，淋上一大匙醬油，待醬油快要燒乾時，就可以關火起鍋了。做這道菜的火候越強，動作越快，味道也越鮮美。

滷肝冷盤（內臟料理2）

前一篇我們介紹的那道料理，在一般拉麵店都能吃到，名字叫做「韭菜炒豬肝」。接下來，我們還要學做一道冷盤，這是一道真正的豬肝料理。

如果使用整個豬肝用來做這道菜，分量有點過多，請大家只要準備約四百公克至五百公克的豬肝就夠了。但有一點要注意，絕對不要買那種已經切成小塊的豬肝，就算分量少一點，也要買一個整塊回來。先找個深一點的鍋子（能夠裝進整塊豬肝的鍋子），鍋中裝滿清水，點火燒水，等鍋裡的熱水冒出氣泡時，抓一小撮食鹽丟進去，然後把整塊豬肝也丟進去，讓它泡在熱水裡煮五分鐘。

這道手續是為了清除豬肝裡的血污。

豬肝煮沸五、六分鐘之後，從鍋中撈出，這時應該還會有很多血水不斷從豬肝裡冒出來。

接著，在鍋中裝滿清水，使用同一個鍋子或是換個鍋子皆可。水位大致滿到能夠淹沒豬肝即可。在水中加些醬油和鹽，鹹度最好比平時喝的菜湯稍微鹹一點，比一般煮物的味道稍微甜一點，也可同時放些粗砂糖，再加入一粒大蒜和一塊生薑。大蒜和生薑請先壓扁再丟進鍋中。

手邊如果有些不用的蔬菜殘渣，譬如切剩的胡蘿蔔尖、胡蘿蔔皮、大蔥剝下來的綠葉，或是洋蔥皮，都可一起丟進鍋裡。

接下來，把已經除去血污的豬肝放進滷汁裡，點燃小火（至少也得是中火），咕嘟咕嘟地慢煮四、五十分鐘。煮到大約三十分鐘的時候，最好能倒入一、兩大匙麻油，如果還想增添幾許中國的香味，也可加入少許五香或八角（在百貨公司的中華料理材料的賣場都能買到）。

煮好之後，待豬肝完全冷透，從鍋中取出，切成薄片，在盤上排成花瓣的形狀。如果覺得味道太淡，可以再淋些醬油，若是覺得還想配些佐料，也可切些細細的薑絲放在豬肝上，味道應該很不錯。

切剩的豬肝不要再切，整塊放回滷汁，收進冰箱。這樣的話，保存一星期左右應該沒問題。

舌心鍋（內臟料理3）

已向大家介紹過，不論是豬還是牛，從舌尖通到腸子末端的所有內臟都是連在一起的。我們不該覺得這些動物內臟噁心、無用，或故意蔑視它們。只要我們稍微花些工夫，您就會發現，天下再也沒有比這些內臟更省錢、更美味的食物。一副豬舌、豬喉軟骨、食道，再加上豬心組成的豬雜，完全足夠全家五、六口人吃得很飽，而且只需花費三百圓左右。

各位到肉店買完豬雜之後，請您順便再到豆腐店買點豆渣，只要買十圓就夠了。

回家之後，我們先把豬舌、豬心等放進大碗，撒上豆渣，再倒些食鹽和醋。盡可能多倒一點，因為我們要用這些材料耐心地搓揉、摩擦，靠它們把內臟的污穢和惡臭洗掉。大家可以先用菜刀把豬舌、喉骨、食道和心臟等各部位切開搓洗。

只有清洗食道的時候，有件工作會比較費事。請大家一定要找根筷子或其他類似的工具，把食道翻過來，細心地搓掉食道裡那些黏呼呼的液體。等到整副豬雜都用豆渣、鹽和醋擦洗乾淨之後，再用流水沖洗，這道手續完成後準備工作就算大功告成。接著，我們需要兩個鍋子，豬舌、喉骨和食道放在一個鍋中，豬心單獨放入另一個。這麼做是為了防止豬心的氣味染上其他部位。兩個鍋子都加水煮滾，大約煮四十分鐘。水中也可加入少許食鹽。

如果無法確定材料到底煮熟了沒有，可在豬舌中央部分切下一小片，吃起來覺得味道不錯就行了。煮好之後，用指尖或菜刀刮掉豬舌表面的白膜，然後即可切成薄片擺進盤中。沾些醬油醋，或配上芥末、大蒜、辣油等調料，味道應該非常鮮美。

說了半天，我今天要向大家介紹的，其實是另一道菜，名字叫做「舌心鍋」。首先，請大家找一個壽喜燒鍋，裡面裝滿高湯，然後把我們剛剛煮好的豬舌、豬心等內臟切成薄片，放進鍋裡。

接著按照各人的喜好放些大蒜，倒進少許醬油和清酒，味道調得比我們平日喝的菜湯稍微鹹一點。調好味道之後，把鍋子放在瓦斯爐上，點火加熱，等到鍋中咕嘟咕嘟冒起水泡時，撒下一些青蔥，還有亂刀切成大塊的高麗菜，也大把大把地加進去，然後用這些蔬菜配著內臟一起送進嘴裡。我們全家都很喜歡這道豬雜做的「舌心鍋」，甚至比牛肉壽喜燒更受歡迎呢。

小鰭[1]壽司（豆渣料理1）

已經介紹了好幾種內臟料理，再說下去，大家可能會以為我是開內臟燒烤店的，還是就此打住吧。

接下來，我將在連續兩篇文章裡，向大家介紹以豆渣為主的料理。各位上次搓洗內臟時，應該都從豆腐店買了十圓的豆渣吧。其實十圓的豆渣用來洗內臟，稍嫌過多了。最好先留下一半，我們可以用來做別的料理。

但我還要提醒大家，可別把另一半豆渣收進冰箱就不管了，要是藏到下次做菜才拿出來，那就糟啦。因為豆渣是很容易腐壞的東西，買回來之後，必須趁早處理。

上次剩下的豆渣，我們可以先用油炒熟。

不論是豬油或炸天婦羅剩下的油，都可以拿來炒豆渣。但是豬油冷卻後會變硬，盡可能使用沙拉油來炒豆渣比較好。先把沙拉油倒進中華鍋，再用小火慢炒，要有耐心慢慢地炒，

1 小鰭：正式名稱為窩斑鰶，即俗稱的扁屏仔、油魚。

把結成一團的豆渣壓散。非常小心謹慎地，讓豆渣全部加熱。

豆渣就算炒乾成砂子似的狀態，混入佐料之後又會變得溼溼的，最好多花點工夫炒它，這樣比較好吃，也不容易腐壞。

等到炒得差不多了，加入少許砂糖，也可按照各人的喜好撒一點鹽。因為等一下我們要把佐料加進去，之後，整體的味道會變得比較濃，所以現在最好把味道調淡一點。而且隨便亂用砂糖增加甜度的話，反而會抹殺掉食物天然的甜味。

接下來，我們要在豆渣裡放些什麼佐料呢？我家比較喜歡使用香菇、胡蘿蔔、竹筍、油炸豆皮等材料。此外還可加些綠色的點綴，譬如我家喜歡用三葉芹、四季豆或青蔥，不但看起來美觀，吃起來也有嚼勁，更能增添幾分滋味。如果再加些海蜇皮、蒟蒻絲的話，就會變成一道非常豪華的菜肴。香菇或海蜇皮要先放在水裡發泡一段時間，然後跟其他材料一樣，都切成相同大小的細絲。

烹製佐料的出汁[2]不拘種類，不論是小魚乾或柴魚屑，都可用來充當泡煮出汁的材料。但調味時盡量使用淡味醬油，最好不要讓佐料煮好之後染上很深的醬油色。先把切好的佐料全都倒進一個單柄鍋，邊炒邊煮，煮完之後最好胡蘿蔔吃起來還有些嚼勁。三葉芹或青蔥之類綠色葉菜，等到最後起鍋前才撒下，加熱數秒即可。

如果鍋中還有剩下的出汁，就把煮好的佐料跟出汁一起倒進中華鍋，然後點燃中火，重新翻炒豆渣。等到全體炒乾，這道菜就算完成了。也可按照各人喜好再加些炒芝麻或大麻籽，或許更能增添奇妙的風味。

好，接下來就一起來做小鰭的豆渣壽司吧。

如果自己會處理小鰭的話是最理想不過，如果自己沒法處理，可以到鮮魚店買些處理完畢的小鰭，不論店家從腹部剖開或從背部剖開，都沒問題。買回來之後，先把魚身內外抹上大量食鹽，放置約三、四小時。入味之後，用醋把魚身表面的食鹽洗掉，再把魚身泡在新醋裡面約浸泡三十分鐘以上。鹽醃的時間不論三、四小時或五、六小時都無所謂。醋醃的時間也不拘三十分鐘或一小時，不必過於神經質。但必須注意的是，如果醃漬時間比我提示的時間短，小鰭就很容易腐壞。

請把剛才煮好的豆渣裡加點醋，重新點火加熱，讓醋味混合均勻，然後用手抓起一把豆渣捏緊，塞進小鰭的肚子裡，必須讓魚肉全部包住豆渣才行。

做完之後如果還有豆渣剩下，可以撒在小鰭壽司上面，只要能讓壽司盤裡的裝飾顯得美觀誘人就行了。

---

2 出汁：熬煮出汁是製作日本料理的基本步驟，通常使用柴魚屑和曬乾的海帶煮泡而成。出汁的味道會隨柴魚屑與海帶的組合而發生微妙的變化。不同部位的柴魚屑，出汁味道也不同。另外也有使用沙丁魚等小魚乾製成的出汁。

大正可樂餅（豆渣料理2）

從前，就是距離現在大約五十多年前的那個時代，有一種很奇妙的食物，叫做「大正可樂餅」。那時都是由小販推著車子出來兜售。他們從這個小鎮走到那個小鎮，四處叫賣。是的，價格大約是一錢或一錢五釐一個吧。顧客掏出三錢或五錢交給小販，他們便拿出一張撕得小小的舊報紙，擺上兩、三個大正可樂餅，旁邊再放些高麗菜片，然後澆上一大堆黃芥末和醬汁。

要是換算成現在的物價，十圓大概可以買到兩、三個吧。那東西吃在嘴裡乾巴巴的，卻給我們帶來一種正在吃洋食的滿足感。當時我還是個孩子，但在我童稚的心中，卻很好奇大正可樂餅究竟是怎麼做出來的。我曾經非常用心地研究那些小販的製作祕訣。儘管當時年紀很小，我早已是個料理天才，但我致力研究的絕非高級料理，而是像大正可樂餅那樣，社會底層人士所吃的貧民料理。

經過一段時間的觀察後，我回家動手試做了大正可樂餅，結果，竟做出更高級的可樂餅，味道遠比小攤上的好吃多了。從那之後，三十多年過去了，我也把自製大正可樂餅這回事忘得一乾二淨。最近，我發現自己的孩子都長大了，也已分別進入小學、中學就讀。我這才想起往事，於是召集全家宣布：

「咱家的少爺和小姐啊，老爸小的時候有一種食物，叫做大正可樂餅，那時我都是自己動手做著吃呢。今天，就把作法教給你們，記住啊，以後你們就要自己做著吃唷。」一說完，我把製作祕方傳授給家裡的幾個孩子。這一招非常成功，因為我家的孩子原本就很喜歡吃可樂餅。

今天，我再一鼓作氣，把自己的祕方在此公開，並跟大家一起來做這道大正可樂餅。但我現在要做的，是比從前更奢侈的可樂餅。

這道菜應該算是豆渣料理的變種，首先我們必須準備豆渣，但如果買來十圓的豆渣，分量稍嫌過多，所以先分出一半，加入調味料、配料做成「煮染」[1]，剩下的另一半足夠我們用來做可樂餅。

現在正是杜鵑鳴唱的季節，也是飛魚盛產的時期，如果看到飛魚價格不貴，可以買一整條回來。如果飛魚價格太貴，當然也可以換成鰺魚或白姑魚，味道也都一樣鮮美。

不論您買的是飛魚，或是鰺魚、白姑魚，買回來之後，先用菜刀削下魚肉，放在研磨缽裡，細心地磨碎魚肉。也就是說，先把魚肉弄成魚漿。之後，把五圓份的豆渣倒進去，仔細

1 煮染：把各種材料放在湯汁裡慢慢燉煮，一直煮到湯汁收乾為止。也是日本代表性的家庭料理之一。

地攪拌均勻，再加進一些切成小段的青蔥和曬乾的櫻花蝦，全部都攪拌在一起就行了。

接下來，我們把攪好的魚漿做成可樂餅，一個個都揉成像古錢小判似的橢圓形。在鍋中注入天婦羅油，把這些可樂餅放進去油炸。下鍋之前，有一件事請大家留意。

如果直接把揉好的可樂餅丟進油鍋，很可能會被油炸得四分五裂，所以我們得先準備一點沾黏劑。說起來也很簡單，只需把麵粉和雞蛋攪拌在一起就行了。打碎一個雞蛋，加入適量的麵粉，攪拌後的黏稠度最好能讓小小的可樂餅落進油鍋也不會散掉。除了青蔥和櫻花蝦之外，如果在豆渣裡再加些木耳、大麻籽等材料，吃起來將會別有一番風味。

好了，今天已把製作大正可樂餅的祕訣告訴各位讀者，我乾脆一不做二不休，順便再把日南（宮崎縣）的「飫肥天」製作祕方也在此公開吧。

材料還是飛魚，也是先用菜刀削下魚肉，放在研磨缽內，用力搗捶、研磨，把魚肉磨成泥狀。飛魚不論一條或兩條都行，另外準備與魚肉等量的豆腐，最好事先濾掉水分，再跟魚肉混合均勻。

魚肉混合豆腐之後，按照一般製作「飫肥天」的規矩，應該加入一小撮食鹽，再加入稍微多一點的砂糖，但因為我不愛吃甜，通常就少放一點砂糖。調味工作完成後，魚肉揉成橢圓形的古錢狀，放進裝滿天婦羅油的鍋中炸熟，就算完成了。

味噌湯和泥鰍鍋（泥鰍和鰻魚1）

六月十九日是櫻桃忌[1]。

最近這季節，溼氣沉重，連日下著令人心情鬱悶的梅雨。雖然水果店前早已擺出閃亮的櫻桃，但老實說，這種季節真的談不上美好，不止太宰治一個人想跳進泥塘，就像我這種普通人，也很想跳進去呢。

每年的這個時期，我跟太宰治兩人常常一起到荻窪的小攤鰻魚店去吃鰻魚。說他們是鰻魚店，只是客氣，其實根本不是那種能吃到蒲燒[2]的高級鰻魚餐廳。

小攤的老闆把浸了醬汁的鰻魚頭和鰻魚肝放在火上燒烤後，端上來給客人當作下酒菜。

1 櫻桃忌：作家太宰治於一九四八年六月十三日投水自殺，六天後的六月十九日被人發現遺體，這一天剛好也是太宰治的生日，後人為了紀念他，便以他去世前才完成的小說《櫻桃》為名，將他的忌日叫做「櫻桃忌」。

2 蒲燒：一種日本料理的方式。將魚剖開剔除魚骨，刷上醬油等調味料，用竹籤串起，放在火上烤炙。如果不塗醬料就進行烤炙，則稱為「白燒」。

所以那種小攤，其實是喝燒酒和清酒的小店，不過，我想他們提供的鰻魚頭，應該是從天然鰻魚身上割下來的吧。記得有一次，我把鰻魚頭放進嘴裡啃著，結果還被鰻魚嘴裡的魚鉤刺了一下。

太宰當場笑著拍手說：「檀君，這表示你平生積德啦。」現在回想起來真是無限感慨，當年我們竟也有過如此愉快的回憶。從那以後，每次喝酒時，我都把鰻魚頭和鰻魚肝這兩樣下酒菜看得特別珍貴。

還是言歸正傳吧。梅雨季前後也是大家體力消耗得最嚴重的時期。一年當中，就屬這段日子最容易感到疲勞，所以我們應該盡量多吃鰻魚頭、鰻魚肝。但如果到處奔波，只為了採購這兩樣東西，豈不是太累？所以之後的兩篇文章裡，我想介紹幾種材料更容易買到，作法也更簡單的泥鰍和鰻魚料理。

雖說是極為簡便的菜肴，各位可不能小看這種料理唷。我始終認為這是東京庶民料理當中最了不起的美食呢。

說起東京的泥鰍料理，那可是日本最具代表性的庶民佳肴，譬如駒形的「越後屋」、高橋的「伊勢屋」，還有淺草的「飯田屋」，都是泥鰍料理的名店。今天，我就在這兒向大家傳授一下這道菜的祕訣吧。

關於說明的部分，就此打住，請各位先到住家附近的泥鰍店去買些整條的泥鰍回來（當然要買活的）。個頭小一點也沒關係，全家四、五人的家庭，大約買四百公克泥鰍就夠了。

此外，請各位再準備牛蒡一根、大蔥一把、生薑少許。

泥鰍買回來之後，暫時裝在水桶裡，讓牠們繼續游一陣子，然後才放進一個深鍋裡，並在鍋中注滿清水。另外加入一小片熬湯用的昆布、一塊壓扁的生薑，如果有喝剩的清酒也可以倒進去。接下來，蓋上鍋蓋，鍋下點火。換句話說，就是要對泥鰍說「請君入甕」啦。您可別覺得牠們好可憐，這一刻，無用的悲天憫人最好省略。人類就是因為吃了各種動物，譬如牛啊、豬啊、雞啊、魚啊……腦力與體力才能不斷壯大呀。

等到鍋裡開始沸騰起來，將大火轉為小火繼續煮一會兒，盡量不讓鍋中翻滾得太厲害，免得把泥鰍皮煮爛了。大約煮上三十至四十分鐘，把鍋中三分之二的泥鰍舀出來裝在大碗裡，最好同時也舀出兩杯魚湯。這是為了待會的「泥鰍鍋」預留的材料。

深鍋裡剩下的三分之一泥鰍繼續加熱，接下來就要把味噌醬加進去。先舀出一點魚湯，把味噌醬溶化在湯裡，然後小心地倒回鍋中。牛蒡像削鉛筆似的削成小薄片，浸水片刻，反覆數次，濾乾，全部倒進鍋中。重新將火轉為大火，等到鍋中沸騰起來，就算大功告成了。這時鍋裡應該已經熬出一鍋味道極佳的泥鰍湯。

現在，請大家找出一個壽喜燒鍋，放在桌上型瓦斯爐上，然後把事先準備好的出汁倒進鍋裡。這裡所謂的出汁，可用剛才煮好的泥鰍湯加入少許醬油和味醂，或換成別種風味，譬如用柴魚屑泡煮的高湯也很不錯。出汁的味道請大家調得比平時喝的菜湯稍微鹹一點，如果吃時覺得味道太淡，可以再加些醬油。

把剛才預留的三分之二泥鰍，統統放進壽喜燒鍋裡，排放整齊，點火加熱。事先切好大量大蔥當作佐料，一面吃，一面把大蔥蓋在泥鰍上燙熟，這就是我們今天介紹的泥鰍鍋。

柳川鍋和醋拌鰻魚（泥鰍和鰻魚2）

有些讀者覺得活煮泥鰍實在太殘忍，下不了手，所以我來為這些讀者介紹「柳川鍋」的作法。

聽到「柳川鍋」這個名字，或許大家會以為這一定是九州柳川當地居民常吃的一種泥鰍火鍋。很可惜，柳川可沒有吃「柳川鍋」的習慣。我的老家就在柳川，絕對不會弄錯。關於「柳川鍋」的起源，一說是因為從前江戶時代，有一家專賣泥鰍的餐廳，店名叫做「柳川屋」，「柳川鍋」的名稱是從店名而來。另外還有一種說法，傳說柳川有個地方叫做蒲池，當地生產的陶鍋叫做「柳川」，後來當地人發明了一種料理，把開膛剖肚的泥鰍裝在那種陶鍋裡悶煮，快要起鍋前，再淋上蛋汁煮成半熟的蛋花，這種火鍋後來就稱為「柳川鍋」。

總之，這道料理採用陶鍋烹煮，裡面裝著剖開的泥鰍，最後再以蛋汁收尾。陶鍋不易散熱，煮沸後，鍋中一直保持咕嘟咕嘟沸騰的狀態，同時散發出半熟的蛋汁香、煮熟的泥鰍香，還有鮮嫩的牛蒡香。三種香氣混為一體，天下再也找不出比這更美味的食物了。

好，下面就來講解作法。請大家去買些剖好的泥鰍，大約三百公克。夏季的泥鰍體內都有魚卵，大家順便也把魚卵一起帶回來吧。另外，我們還需要一根較細的鮮嫩牛蒡和兩個雞蛋。這樣材料就齊全了。

首先，把牛蒡像削鉛筆似的削成小薄片，浸泡在加了一點醋的清水裡。接著，剖好的泥鰍排放在笊籬裡，滾燙的熱水從上澆下，把泥鰍全部汆燙一遍。我自己做這道菜的時候，是把裝著泥鰍的笊籬直接放進煮湯的大鍋裡汆燙。這樣用滾水燙過後，泥鰍的腥味會減少很多，而且擺在鍋裡的模樣比較好看。

烹製「柳川鍋」最好盡量使用陶鍋，沒有陶鍋的話，用壽喜燒鍋代替也行。排除萬難試著去做，才是最重要的。

鍋子準備好之後，先把泡過水的牛蒡鋪在鍋底，再把剖好的泥鰍以放射狀排放在牛蒡上面。進行到這兒，我煩惱了很久，不知要把泥鰍頭放在中央，還是把泥鰍尾放在中央。反正，不論以頭或尾為中心都無所謂吧，但泥鰍的背部向上，看起來似乎比較美觀。排好泥鰍之後，把出汁從上澆下，另外適度地加入一些砂糖、醬油、味醂、清酒之類調味料，各人可以按照自己的口味，隨意調節鹹淡，反覆試做多次之後，就能調出絕佳的風味。

調好味道之後，點火加熱，並蓋上一個落蓋[1]，等鍋中開始沸騰，牛蒡看起來變軟了，取出落蓋，倒進事先打好的蛋汁，等蛋汁大約煮到七分熟，就可關火，這道「柳川鍋」也就完成了。

接下來，再教大家做一道簡單速成的「醋拌鰻魚」。因為鰻魚價格昂貴，所以我們到鮮魚店，只買一段素燒[2]鰻魚即可。也許有人會說，那多不好意思啊。別開玩笑了。我每次都是只買一段的。

鰻魚買來之後，把魚身上的竹籤抽出來，從魚身切斷處開始，順著相同方向把魚肉切成細絲。切好的鰻魚絲放在鐵網上重新烤熱，烤時距離火焰遠一點。烤好之後，把鰻魚絲倒進事先調好的二杯醋[3]裡浸泡。

涼拌的配料可用黃瓜、茗荷，切成細絲也行，像削鉛筆似的削成薄片也行。總之全部切好後，浸水片刻。另外，還可用綠色的紫蘇葉切絲，或做些蛋絲一起涼拌。

準備妥當後，先把黃瓜、茗荷、紫蘇葉等排在盤中，看起來豪華又美觀，把蛋絲撒在上面，最後才把鰻魚絲蓋在最上層，淋些剛才浸泡鰻魚絲的二杯醋，這道菜就完成了。

梅雨時節，醋拌涼菜真是非常開胃又適時的一道料理呢。

---

1 落蓋：日本料理在燉煮時，常用一個比較小的木蓋壓住鍋中的材料，以免材料隨著湯汁翻滾而碎裂或變形。

2 素燒：食材上不塗任何調味料、醬料或油，直接放在火上烤熟，這種料理法叫做素燒。

3 二杯醋：醋、醬油、味醂各一杯混成的調味料叫做「三杯醋」。不加味醂，只用醬油和醋混成的調味料叫做「二杯醋」，也叫「醋醬油」，通常醋和醬油的比例是三比二。

紫蘇葉壽司和瞪眼壽司

現在正是紫蘇盛產的時期，今天就讓我們一起做些鹽醃紫蘇葉吧。這個季節，每家蔬果店門前都擺滿了做梅乾用的紅紫蘇，同時，紅紫蘇旁邊也堆著滿坑滿谷的青紫蘇。不論紅紫蘇或青紫蘇，都可以拿來鹽醃。現在把它們好好醃起來，將來就會變成極為珍貴的寶貝呢。

紫蘇葉一層層細心地重疊起來，浸泡鹽水而製成的醃菜，叫做「紫蘇千枚漬」。按照我原本的計畫，今天是想請大家一起來做梅乾的。但我又想到，或許有人一聽到梅乾，就會皺起眉頭，說不定從此再也不來我這料理教室了。所以我苦思良久，花了好一番工夫，才想到這個「紫蘇千枚漬」。

做這道料理之前，如果買來的是連枝的紫蘇葉，就必須先用水沖洗，再把葉子一片一片摘下來，小心地重疊起來。或許有人會覺得這道手續太麻煩，那就買些現成捆好的青紫蘇吧。市場裡都有的，一捆大約十五圓，全都已經漂漂亮亮地疊在一塊兒了，每捆至少有十片。

請不要吝嗇，一次買十捆回來吧。買來之後，本來應該一片一片細心清洗一遍。但是……好吧！我今天就特別照顧大家，請各位只用手抓著捆成一束的葉柄，隨便用水沖洗一下即可。

沖洗完畢，請找些麻繩，把紫蘇葉一捆一捆繫緊，這樣我們進行醃製時會比較方便。接下來，裝一鍋清水，撒鹽，煮成一鍋鹽水。趁著熱水滾燙時，把紫蘇葉迅速過水，瞬間汆燙一遍。

這道手續是為了燙除紫蘇葉裡的色素雜質，燙完之後，盡量把水分甩乾，然後把葉子疊放在桌上型泡菜罐[1]裡。每放置一捆之後，撒上大量食鹽，接著放置另一捆，最後再以瓶內的加壓板壓緊。

這種狀態放置一晚，第二天，應該會看到瓶裡冒出很多水分。不要覺得可惜，請把這些水分全部倒掉。倒完之後，紫蘇葉的色素雜質就該除淨了。

或許有人會覺得去除雜質這道手續太費事，所以我還是說明一下進行這道手續的理由吧。按照傳統的作法，我們原本應該把紫蘇葉一片一片沾上食鹽，用手揉搓，再一片一片擠乾水分。但我擔心大家可能在這個步驟時把葉子弄破或弄碎了，所以才想出上述這種簡便的

1 桌上型泡菜罐：可放置在桌上的小型泡菜容器，瓶內附帶一塊可調節的加壓板，讓泡菜全部都能浸泡在液體裡。加壓板通常是以透明壓克力或玻璃製成。

方法。

好，再來說泡菜罐裡的紫蘇葉。多餘的水分倒掉之後，再重新撒入大量食鹽，用加壓板壓緊。我們可以選擇以這種狀態一直保存下去，或是倒入梅醋之後再繼續加壓。而我們檀流料理教室的作法，則是直接倒些醬油進去。醬油的分量大致蓋住全部紫蘇葉即可。倒入醬油之後，用加壓板壓緊。

大約浸泡一個月之後就可以食用了，但如果能泡上三個月，味道應該會更好。大約泡了一、兩個月之後，就可以除掉加壓板，改裝在有蓋的瓶中，收進冰箱保存。這種鹽醃紫蘇葉可以做什麼用？做什麼都可以用啊。這道醃菜不但香味特殊，而且一年四季都能用到。

就拿飯糰來說吧，只要從瓶裡撈出這紫蘇千枚漬包著飯糰，立刻就變成一盤速成的紫蘇葉壽司呢。

或許有人認為，今天只學了紫蘇千枚漬做的壽司，太少了。好吧，接下來再把紀伊國醃芥菜做成的「瞪眼壽司」祕方教給大家吧。首先，請您先到百貨公司或醃菜店買些醃芥菜。買來之後，把醃菜小心地攤開，每片醃菜裝入適量的米飯捲起來，捲得緊緊的。「瞪眼壽司」這個名稱的由來，據說是因為飯糰包得很大，直接抓起來咬一口，那表情看起來很像「瞪著兩眼」，所以才有了這個名稱。也有人認為，醃芥菜包著飯糰，有時飯粒會從菜葉的破洞漏出來，所以需要再撕下小片的菜葉堵住破洞，那片小小的菜葉就像補丁[2]，所以又叫做「補丁壽司」。

各位吃這道壽司時，希望大家都「不要瞪眼」，最好是切成小塊，擺在盤中慢慢享用吧。

2「補丁」的日文發音跟「瞪眼」的日文發音相同。

鮭魚的冰頭漬和三平汁

如果有人問我，大都市的鮮魚店或乾貨店裡，哪種貨品最不該受到店家的輕視，卻又總是不被店家重視？我想，那就是鮭魚頭。

譬如新卷[1]鮭魚，那麼漂亮的腦袋，居然一個只賣三十圓，有時，甚至還有商店把兩個腦袋放在一個盤裡，也只賣三十圓。

鮭魚這種魚全身的味道都很好，尤其是鮭魚頭，裡面還藏著美味的軟骨。每次只要看到商店門外擺著鮭魚頭，我就像要替父母報仇似的，必定搶下三、四個帶回家。因為只要有了鮭魚頭，我就能立刻獲得世上最廉價的幸福。

鮭魚頭的軟骨部分，我們把它叫做「冰頭」。

把「冰頭」較多的部分連皮切成薄片，倒上香醋，當場就能做出一份「醋拌冰頭」。喝酒的時候，再也沒有比這「醋拌冰頭」更好的下酒菜了。

稍微用鹽醃過的鮭魚冰頭，味道比新鮮鮭魚頭更好。把稍帶鹽味的冰頭切成薄片，上面淋些香醋，立即就能變成佳肴。

還有些人喜歡弄得更費事，他們專挑鮭魚頭的透明軟骨，先用醋醃製一段時間，再跟白蘿蔔、胡蘿蔔做成的紅白兩色酸甜涼菜混在一塊兒，但我比較喜歡軟骨連皮一起切絲做成的「冰頭醋漬」。

假設我們買回三個鮭魚頭，做出一大堆「冰頭漬」，這三個鮭魚腦袋還是會剩下很多殘餘部分，所以，今天想教大家利用這些殘留的鮭魚頭做一道「三平汁」，或可藉此減輕梅雨季帶來的疲勞。

首先，我們最好把鮭魚頭泡水除去鹽分。請自行根據鮭魚頭的鹹度決定浸泡的時間。除去鹽分後的鮭魚頭隨意切成塊狀丟進鍋中。盡量切成大塊。鍋中加水，另外再放一片熬湯用的昆布，以及當令時蔬。任何蔬菜都可以，全都隨意切塊扔進鍋裡。

譬如洋蔥，可以切成很粗的厚片，馬鈴薯則整個或半個投進去。另外還可加入白蘿蔔、胡蘿蔔、大蔥、蕪菁……等，統統都丟進去一起煮。接著，把味噌和酒粕放進研磨缽，再從鍋中舀一點湯，一起放在研磨缽內輕輕攪拌。

味噌醬和酒粕溶化均勻後倒入鍋中。鮭魚頭原本就含有鹽分，這個調味的步驟，請注意

1 新卷：鮭魚收穫後立刻取出內臟，整條用鹽簡單醃過，或泡在鹽水裡醃過，叫做新卷，通常用來當作年禮。

味噌醬的分量，不要調得太鹹。

接下來，還可以放些豆腐、高麗菜……凡是能想到的材料都丟進去吧，也可以模仿俄國人烹製「羅宋湯」的那份豪放，或許會覺得做起來很有趣。

煮好的三平汁裡，鮭魚頭的碎塊已被煮得即將融化，湯裡混合了馬鈴薯的香氣、洋蔥的甜味，還有夏季高麗菜那種爽口的嚼勁。一年四季當中，我們家裡只要有人在外面看到鮭魚頭，都會買些回來，做一鍋三平汁，全家開心地盡情享用。

西班牙式豬腰與豬肝

不久前，我曾向各位介紹中國人如何烹製豬、牛的肝臟與腎臟，中國人對這些食物的吃法，我也說明過了。

中國人吃飯不偏食，總是把動物身上「肝腎」[1]的部分吃下肚去，可真是人間一大樂事。其實歐洲人也跟中國人一樣，會把豬牛羊的「肝腎」做成各式各樣的料理。但我們回頭再看看日本，日本人向來對動物的肝腎吃法毫不關心。直到最近，才終於有人開始吃肝臟了，但是一提到腎臟，大家還是會說：這麼恐怖的東西！大多數人都會表示不敢吃。

不過，那些堅稱不敢吃的人，一走進中華料理店，還不是照樣把那混著豬腰的料理吞下肚去，而且他們根本就沒發現自己吃了豬腰，甚至還嚷著說：這個魷魚，咬起來好有嚼勁啊！

1 肝腎：日文的「肝腎」既表示「肝臟與腎臟」，也表示「重要」之意。

現在，我要介紹大家一道豬肝豬腰料理，這道菜是我在西班牙巴塞隆納吃到的。

在巴塞隆納市區的小巷裡，有一家餐廳叫做「卡拉可雷斯」，店裡的生意非常好，總是高朋滿座。店名「卡拉可雷斯」的西班牙文的意思跟英文「escargot」是一樣的，也就是「蝸牛」之意。所以，這家餐廳當然提供蝸牛料理，而其他各種簡樸又豪放的西班牙山珍海味，在這家餐廳也都能吃得到，價格便宜，風味絕佳，實在是一間令人愉快的餐廳。

餐廳的廚房設在廳堂的正中央，廚師在裡面忙碌烹煮的模樣，顧客從四面八方都能看得一清二楚，所以我常到那兒吃飯，不知去了多少次呢。

今天在這兒向大家介紹的豬肝和豬腰料理，都是我在「卡拉可雷斯」吃過的佳肴，也有些是別人請我吃的，我都見習過那些料理的作法，現在就依樣畫葫蘆，在這兒模擬示範一下。

豬肝去血污的工作比較容易，只要把豬肝切成幾塊，浸泡在水裡就行。但豬腰的除臭作業就比較困難，希望大家一定要按照我的指示認真執行。

先把豬腰平放，從中央橫刀縱向切為兩半。也就是說，讓豬腰橫躺在砧板上，就像它的名字[2]那樣，把一顆豆子從中切成兩半。

豬腰縱切為兩半之後，大家看到了裡面有些白色組織吧？那些都是脂肪和尿腺。請大家找一把銳利的小刀或菜刀，耐心仔細地剔除那些組織。只要大致剔除乾淨即可，要是過於神經質，拚命想把白色部分全都剔掉，恐怕剔到最後，會把整個豬腰都弄光了。

剔除作業完成後，把豬腰放進水裡清洗，大約五至十分鐘左右。

盡量使用流水沖洗。

清洗完畢後，將豬腰、豬肝的水分擦乾，分別放進兩個大碗，並同時加入大蒜、生薑、葡萄酒、鹽、胡椒等調味品，讓豬肝和豬腰先行入味。

接下來，請準備一些洋蔥，切成小粒備用，還需要芹菜少許，也同樣切成小粒。找一個中華鍋或平底鍋，點燃大火加熱，鍋中倒進少許沙拉油，先把洋蔥入鍋翻炒，接著放芹菜跟洋蔥一起翻炒，最後加一點奶油。

已經入味的豬腰上，先撒些麵粉，再用指尖抓幾下，讓麵粉和豬腰混合均勻，迅速抓起豬腰，一把放進鍋裡。

一面以猛火快炒，一面倒入牛奶，待鍋中的牛奶和豬腰攪拌均勻，這道菜就算完成了。起鍋前，再淋些白蘭地，燃起火焰，應該能使菜香更為撲鼻，或者，也可再撒些胡椒鹽。豬肝的作法跟豬腰相同。

2 日文稱動物的「腰子」為「豆」，因為形狀像「豆」。

東坡肉（豬肉角煮）

長崎的卓袱料理[1]當中，有一道菜叫做「豬肉角煮」，也就是慢火燉煮的五花肉。肉塊燉煮得幾乎融化，全體呈現琥珀色，用筷子輕輕一挑，肉塊頓時散開，送進嘴裡之後，滿嘴都是融化的肉香。

日本琉球地方也有一道跟「東坡肉」很像的料理，同樣也是用五花肉做成的角煮，名字叫做「羅火腿」。

其實角煮和羅火腿的起源，都來自中國的「東坡肉」，作法傳到日本後，又繼續傳到全國各地。

所以說，大家已經明瞭「東坡肉」的地位相當於豬肉盛饌中的王者，在下想在這兒建議各位，一輩子就這一回，我們何不花些工夫與時間，把這「東坡肉」做出來當作星期天的晚餐呢？

就算失敗了，也可當成叉燒來用嘛。隨意切兩片，放在拉麵碗裡，也很不錯呀。或者也可買些最近剛上市的紅芽芋，夾著肉片一起蒸熟。總之，只要把料理做出來，絕不會毫無用處的。大家就趁這個星期天，費上一整天的工夫，好好做一次「東坡肉」吧！

說到這兒，順便再說一下「東坡肉」的名稱由來。據說這是宋代大詩人蘇東坡最喜歡的一道菜。蘇東坡是性格豪放的詩人，曾經受到朝廷重用，後來卻遭到流放，宦海沉浮。他生性不受拘束，即使身在流放地的海南島，還是有雅興賞月。這位大詩人非常喜歡鑽研飲食，傳說他對河豚也情有獨鍾呢。

「東坡肉」被冠上詩人的大名，至今仍是一道有名的美食。而這道紅燒五花肉做起來非常地耗費工夫。

關於這道大名鼎鼎的「東坡肉」，我就介紹到這兒。至於要不要動手一試，請各位自行斟酌吧。

做這道菜之前，我們需要買一塊肥豬肉（五花肉），分量大約一公斤吧。如果您擔心做壞了，白白浪費一塊豬肉，就買五百公克好了，六百公克也行，反正照您的喜好，隨意購入吧。

我們還需要一個鍋子，大小必須跟肉塊差不多。把肉塊端端正正地放在鍋底中央，肥肉部分向上。再加入一瓣大蒜、一顆洋蔥。洋蔥剝皮後，整顆放進去。鍋中注入清水，放在瓦斯爐上，點火加熱，清水剛好蓋過肉塊就行，水太多的話，肉塊漂浮不定，在鍋裡撞來撞

1 卓袱料理：日本式的中國宴席菜，最早起源於長崎，最大的特點是客人圍坐在圓桌旁，並將菜肴裝在大盤裡送上桌，跟以往日式宴會料理每人一份，放在自己面前的方式不同。

去，很容易煮碎了。

煮沸之後，改用小火慢煮兩小時，中途不時加入一些清酒。如果水分變少了必須加入冷水，要讓湯汁淹過肉塊才行。

等到肉塊煮得很軟，幾乎快要化掉時，從鍋裡撈出放在大碗裡。這次是把肥肉部分向下，放好之後，加入大蒜、生薑、醬油，讓肉塊浸泡入味。但必須等到肉塊變冷之後，才進行浸泡，否則肉塊很容易散掉。

各位也可以把大碗放進冰箱，冷藏片刻。接著，請您在平底鍋裡放些豬油，讓肉塊入鍋煎烤，請把肥肉的部分貼著鍋底，慢慢炙烤，動作不要太大。邱永漢先生曾經告訴我，他是把肉塊放進整鍋豬油裡去炸，這樣才能把肥肉煎成美麗的金黃色，而且也更能保留醬油的風味。

我們的肉塊放在平底鍋裡煎成漂亮的焦黃，就可以取出來，切成大小適中的肉片。記得以前料理專家波多野須美女士曾經請我吃過這道菜，她的作法可真夠大膽的，她切肉是順著豬肉纖維的方向切下去呢。

我們把肉塊切成大小適中的肉片後，順序擺放在大碗或沙拉碗裡，上面鋪些蔥絲，淋上剛才浸泡肉塊的醬油，再加入少許麥芽糖、大蒜、生薑，還有味噌醬也可以加一點，這樣味道會比較鮮。最後澆一些剛才燉煮肉塊的湯汁，把碗放進蒸鍋慢慢蒸煮，這道料理就完成了。蒸煮的時間至少超過一小時，若能連續蒸上一整天，也很不錯。

芋頭蒸肉

之前已把「東坡肉」的作法教給大家，不知各位是否順利完成任務？按照我原本的想法，是想把「東坡肉」的煮、煎、蒸等大快人心（？）的烹調法傳授給大家，好讓各位把星期天整整一天的工夫都奉獻給「東坡肉」的。

但在製作過程中，只要用手輕輕一碰，肉塊很可能就會支離破碎，瞬間崩塌。所以煮好的肉塊要下鍋煎烤，或是煎好的肉塊要開始切片，這些重要的步驟之前，我們都必須把肉塊放進冰箱冷藏片刻，否則處理時就會遇到困難。

舉例來說，剛開始燉煮肉塊時，我曾告訴大家把整顆洋蔥丟進鍋裡。但我自己做這道菜的時候，通常是把洋蔥從中切半，把半顆洋蔥夾在肉塊和鍋子之間，這樣烹煮的時候，肉塊就不會在鍋裡搖來晃去。

另外還有一件事上次忘了告訴大家。肉塊切成適當大小的肉片之後，還沒放上蒸鍋之前，我曾叮囑大家，要在大碗裡加些麥芽糖增添甜味，但如果換成砂糖和麥芽糖的混合液，味道或許會變得更加鮮美。

前面的文章裡，我曾向大家說明，如果「東坡肉」做失敗了，可以用來當作叉燒肉，配著拉麵一起吃。或者，也可以跟最近剛上市的紅芽芋一起蒸熟，變身為另一道非常美味的芋頭蒸肉。

所以說，烹製東坡肉的同時，順便又可做出另一道美食呢。聽到這兒，或許有人會說，你簡直胡說八道嘛。但我還是想在這兒介紹一下，萬一各位的「東坡肉」實在不成功，您可以把失敗的「東坡肉」夾在芋頭裡拿去蒸煮一番，馬上就會變成另一道美味佳肴。

這道芋頭蒸肉是邱永漢家裡經常端出來待客的料理（所以我猜這應該是廣東料理），我就按照他家的作法向大家說明。

首先來說材料，我們可以使用一般的芋頭，如果覺得芋頭太小，可以買些現在即將大量上市的紅芽芋或八頭芋。

不論是紅芽芋或八頭芋，都先削皮，放進鍋中細心煮熟。煮時不放任何調味料，煮到可用筷子一下子插入芋頭中心時，撈起裝入漏笊，瀘乾水分。

接下來再說五花肉，按照製作「東坡肉」的程序，先將五百或六百公克的整塊五花肉放進一個不太大的鍋中，肥肉部分向上，注入適量的清水。水量不要太多，剛剛淹沒肉塊即可。接著澆一點油，把整顆洋蔥縱向一切為二，夾在肉塊的左右兩邊，剛好就像夾在鍋子與肉塊之間，這樣可以避免煮沸的肉塊在鍋中不斷晃動。如果再加進一瓣大蒜、一顆八角（大茴香）的話，煮出來的成品就有可能飄出中國菜的香味。

肉塊放在鍋中慢煮兩小時以上。

煮好之後，把肉塊從湯汁裡撈出來，放進大碗。肥肉向下，撒些蒜泥、薑泥，並澆點醬油和清酒（味醂亦可），然後靜待肉塊冷卻。

中華鍋裡放些豬油，把變冷的肉塊放入鍋中，肥肉向下，慢慢煎烤，讓肥油煎得微焦，呈現美麗的焦黃。簡單地說，就是用豬油炙烤已經吃進醬油和清酒的肥油，讓肥肉染上焦糖似的美麗色彩。

上次我也說過，邱永漢他家進行這個步驟時，是把鍋中裝滿豬油，然後將肉整塊丟進去油炸。

肉塊煎好後，我們便把芋頭放進大碗。請先把芋頭縱向切成三、四塊，然後把肉夾在芋頭片之間，也就是說，把烤炙得微焦的五花肉像切培根那樣，切成肉片，然後像三明治那樣，把肉片夾在縱向切片的芋頭之間。

肉和芋頭夾好，排放在大碗裡，我們還可在芋頭上抹些味噌醬、醬油麴，或者直接把浸泡肉塊的醬汁澆上去也行。最後鋪些蔥絲，澆些煮肉的湯汁或清酒，放進蒸鍋，耐心地慢蒸一段時間，這道芋頭蒸東坡肉就算完成了。

豬骨料理

今天要向大家介紹鹿兒島的「豬骨料理」[1]。

鹿兒島處於日本最南端，有很長一段時間鹿兒島始終是個獨立王國，所以才能接納琉球、南洋群島和中國等地的料理，獨自發展出許多簡樸又豪放的庶民料理。「豬骨料理」即是其中之一，這種料理真是一道既實惠又純樸，既豪放又美味的菜肴。

「豬骨料理」的製作方法就是把黑豬排骨放進湯汁裡燉煮，簡單地說，有點像味噌燉關東煮，只不過湯汁裡還要加入燒酒和黑糖，這也是「豬骨料理」的特別之處，因此同時具備了鹿兒島的風味特色。

可惜的是，我們現在已經很難在東京找到帶骨的排骨肉了。所以，今天只能請大家買一整塊五花肉吧。大約需要四百或五百公克，買回來之後，用刀隨意切成大塊即可。如果能找到帶皮的五花肉，盡量連皮一起買回來。記得前一陣子，各地百貨公司還在出售所謂的「排骨」，其實就是豬的肋骨，上面連著少量的肉屑，價格也很便宜，其實這種所謂的排骨倒是我們做「豬骨料理」的絕佳材料，最近很不容易看到了。

我猜這些排骨是被各地韓國料理之類的餐廳買走了吧。那些餐廳加工之後，可將豬排骨變成牛肋骨賣給顧客。

所以今天很無奈，只好請各位海涵，讓我們一起來做一道沒有骨頭的「豬骨料理」吧。不過我自己倒是準備了一塊有骨的五花肉。

首先，請準備一瓣大蒜和四分之一顆洋蔥，切成碎粒放進中華鍋裡，倒些油，耐心地慢炒片刻，再將火勢轉猛，將帶骨的五花肉倒進去翻炒，一直炒到肉塊表面有些微焦為止。

接著在鍋中注入大量清水，水量滿至鍋沿，將猛火改為中火，慢慢燉煮鍋中的五花肉。鍋裡的湯汁沸騰後，把表面的肉沫舀掉，加入少許黑糖，半杯左右的燒酒，繼續細心燉煮，時間大約一小時。

等到肉塊逐漸變軟，軟得快要融化時，便可將味噌醬加入鍋中，味噌醬的分量比平時做湯加倍，因為湯汁裡還有黑糖和燒酒，兩者都會產生甜味，所以就算味噌醬加倍，應該也不會太鹹。

這道料理就像關東煮一樣，我們可將自己喜歡的食物任意加進鍋裡，不過太容易出水的食物，可能就不太適合用來做這道菜。

---

1 豬骨料理：日本鹿兒島縣的一種鄉土料理。當地人簡稱為「豬骨」。最先是為了薩摩藩武士帶去戰場食用而發明的料理。

蒟蒻、豆腐、芋頭……等材料，盡量切成大塊，放在湯汁裡用文火慢慢燉煮。

牛蒡用水浸泡片刻，去除色素雜質後，也切成大塊放進去一起煮，大蔥根本不用切，可以整根直接投入湯汁，其他諸如水煮蛋、竹筍、香菇……等都放進鍋裡，整鍋材料立刻就會變成一道豪華奢侈的美味佳肴。

如能好好掌握時間，蕪菁放進去燉煮一番味道也很不錯。還有山椒葉，現在正是香味最佳的季節，我們也可拿來活用。另外像胡椒，當然有助於增加風味，還有「山椒」，也就是山椒樹的果實，如果把果殼揉碎，撒進湯汁，肯定能夠煮出誘人的氣味。

起鍋享用之前，大家可隨各人的喜好滴幾滴麻油在鍋裡，相信料理的味道會變得更好。

兩種蠔油小炒

廣東和香港周邊地區有一種叫做「菜心」的蔬菜。不，應該說，有一種蔬菜叫做芥菜，它的嫩芽或類似竹筍的部分，大家稱之為「菜心」。我記得漢口附近的居民把這個叫做「菜薹」。

把菜心用蠔油翻炒，做出來的料理就是「蠔油菜心」。因為味道特別鮮美，我在各地旅遊時都嘗過。如果想在日本試做這道菜，我想可能用綠蘆筍來代替菜心最合適吧。

加些牛肉一起爆炒，會令人感覺很奢侈，卻是一道豪華又美味的佳肴。

好，現在讓我們先把牛肉泡進醃肉的調料裡。

牛肉只需買些高級肉兩端切剩的碎片即可，反正要把牛肉切成細絲。通常我到肉店去買牛排時，總喜歡向老闆廉價購入這種剩肉。

先把肉片切成細長形，也就是所謂的肉絲，切得跟綠蘆筍一樣粗細，長度也比照綠蘆筍。切好後，將大蒜、生薑、清酒、醬油（少量）跟肉絲拌在一起，讓牛肉入味，時間大約為二十至三十分鐘。

接下來，每根綠蘆筍大約切成三段，中華鍋裡放一點豬油，再撒一點點食鹽，綠蘆筍靠近根部的部分先下鍋翻炒，差不多炒熟了才把尖端丟下鍋去，快速翻炒完畢。

油鍋裡撒一點食鹽的理由是為了讓蘆筍看起來鮮綠，如果撒太多食鹽，再加入蠔油，菜的味道就太鹹了。

翻炒綠蘆筍時，請注意不要炒得太熟，希望能保留蘆筍那種爽脆的口感。

炒好的綠蘆筍先裝進盤中。接著，在入味的牛肉裡撒些太白粉，倒入鍋裡，猛火快炒，起鍋前，把剛炒好的綠蘆筍倒進鍋中，澆一些蠔油，再淋上一小匙麻油，料理就算完成。萬一炒到一半，有點炒焦的感覺，可以再加進一點豬油。這道菜應該趁熱吃，味道才最鮮美。

下面介紹另一道小炒。請大家先買些豬小腸回來。

豬腸用鹽與醋反覆搓洗，加水慢煮一、兩小時。請不要覺得這個步驟太麻煩。我們只需在大鍋裡裝滿水，丟進豬腸，然後用小火慢煮而已，根本一點也不麻煩，對吧？

豬小腸煮軟之後，再度用清水反覆沖洗，拭去水分，加入調味料讓小腸入味。但在調味之前，先把小腸切成五公分的小段。調料的成分包括切成碎粒的大蒜與生薑，少許清酒與醬油。大蒜、生薑的分量視小腸的分量而定。浸泡時間大約一小時。

下面再來準備點綴在豬腸周圍的蔬菜。請先買一把菠菜（如果沒有菠菜，其他諸如小松菜[1]之類，任何蔬菜皆可）。洗淨菜葉，切去根部，切成同樣長度。

中華鍋裡放一點豬油，燃起猛火，撒下一小撮食鹽，再把菠菜投入爆炒。起鍋前倒進滾水，讓菠菜葉裡的色素雜質溶在水裡，然後倒掉鍋中的熱水。

菠菜的水分濾乾後，切成小段，放進西餐大盤裡擺成圓形。

豬小腸上面撒些太白粉，豬油燒熱，小腸入油鍋爆炒，即將起鍋前，澆入一點蠔油，這道菜就算完成了。炒好的小腸放在菠菜圍成的圓形中央，吃法是將小腸配菠菜一起送進嘴裡。

「蠔油」在中華料理店都有出售。

---

1 小松菜：即日本的油菜。

韓式白切肉

去年到韓國各地旅遊時，我吃到一道豬肉做的前菜「韓式白切肉」，味道真是太棒了。簡單地說，就是把豬肉像火腿那樣切成薄片擺在盤中，盤裡裝飾得十分美觀，吃時沾著韓國醃蝦醬一起享用。

實在是一道美味的下酒菜！當時我曾戒慎恐懼地向導遊兼翻譯尹女士問道：如果只是這樣一盤肉，大概我也能做吧？結果，她不止幫我到處打聽，還很熱心地把作法寫在紙上，讓我把那張紙帶回了日本。

所以，其實今天只要把尹女士那張方子照抄一遍就行的，當初為了留作紀念，我把那張紙貼在剪貼簿裡。然而，後來又有朋友向我詢問那道菜的作法，我就把紙撕下來，重抄一遍，發給眾位親朋好友。

誰知我後來竟忘了把那張原件收起來，真的好可惜啊。今天沒法在這兒向大家介紹原文了。

不過沒有原件也沒關係，這道菜我做過很多次，做著做著，好像已經變成檀流料理了。

現在就開始說明作法吧。請大家買一塊豬肉，里肌肉或肩胛肉都可以，買回來之後，把它切成形狀完整的肉塊，斷面最好是長方形或正方形，不要擔心切剩的碎肉，因為我們還可以用來做別的菜。

各位第一次做這道菜，肉塊的重量大約五百公克就夠了，先試做一次再說吧。

把豬肉放進小鍋，鍋子的大小最好跟肉塊差不多，盡量不要讓肉塊跟鍋子之間出現縫隙。注入清水，水量剛好淹過肉塊即可，千萬不可太多。雖說多放點水，就能多煮些湯汁，或許還能喝上一碗肉湯，但這樣一來，豬肉味就變淡了。

水中加入少許大蒜、生薑，再把整根大蔥也丟進去，再澆些清酒，用中火燉煮約四、五十分鐘。

大約煮到肉塊的中心也熟了就可以，煮得太熟也不好。

燉煮的過程中，盡量不要再加水，但如果火太大，快要把水煮乾了，可以補充少量的清水。

豬肉煮好之後，放在鍋中靜待冷卻。等溫度降到可用手抓的時候，把肉塊撈出來，找一塊乾淨的抹布，把肉塊包起來。

包好之後，放進大碗或沙拉碗裡，再找個小型落蓋壓在肉上。接下來，我們要用重物擠壓肉塊，如果沒有小型落蓋，找個盤子反過來壓在肉上也可以。

用重物擠壓肉塊的目的，是為了減少豬肉裡面的水分，並讓肉質的口感更具韌性。

這道擠壓手續，我總是利用桌上型泡菜罐來做，先在罐底反放一個小盤，把肉塊放在盤底，然後用泡菜瓶的加壓板擠壓。但請注意，不可過度用力擠壓肉塊。

不論是把重物壓在大碗上，或是利用桌上型泡菜罐，加壓之後，直接把容器放進冰箱。

加壓後第二天，似乎是豬肉味道最佳的時期，但連續在冰箱裡壓上四、五天，味道也很不錯。

端上桌之前，把肉切成像火腿般的薄片，排在盤中，旁邊放一盤韓式醃蝦醬，沾著蝦醬一起吃。這就是韓式白切肉，吃起來真是別有一番風味啊。

梅醋涼菜和涼拌茄子

梅雨季是最令人鬱卒的時期。

但也因為梅雨季節到了，各式各樣散發香氣的蔬菜都開始萌芽、成長，譬如像茗荷、紫蘇、辣韭、生薑（嫩薑）、大蒜……我們把這些蔬菜買回來，分別做成醋拌涼菜，或醃成泡菜……等到料理做好，送進嘴裡，鼻中飄來瞬間的香氣，口中感到爽脆的嚼勁，梅雨季的鬱卒好像就被這些料理一掃而淨了。

最近有很多食物正在從一般家庭逐漸消失，梅醋醃製的即席泡菜就是其中之一。

梅醋可以醃製的蔬菜種類非常多，像黃瓜、大黃瓜、西瓜皮裡吃剩的白瓤、茗荷、高麗菜、芹菜……等，從食欲不振的梅雨季一直到夏日來臨的這段時期，只要把這些蔬菜放進梅醋裡醃上幾分鐘，立刻就能變成一道最可口的日式生菜沙拉。

記得在我少年時代的九州鄉下，每年到了梅雨季節，幾乎家家都要醃製梅醋泡菜。醃菜的工作一直持續到夏季，家家戶戶的飯桌上幾乎每天都能看到這道菜。

現在回想起來，或許因為一般家庭不再醃製梅乾，家中也不再準備梅醋，所以這道出色的日式沙拉也就瀕臨滅絕了。

現在，我們要介紹梅醋涼菜的作法，或許順序跟製作梅乾顛倒了。但是梅乾的醃法，我想等到梅子上市的時候，再跟各位一起研究。所以先假設各位已經有了梅醋，讓我們來醃一、兩樣梅醋泡菜吧。

其實這道菜一點也不難。就拿大黃瓜來說吧，先從中縱向切半，挖掉瓜籽，抓一把鹽，堆在剛挖掉的凹洞裡，靜置晾乾，經過一、兩小時之後，把大黃瓜放進桌上型泡菜罐裡壓乾水分，切成適中的大小，上面淋些梅醋，就可以食用了。

如果用黃瓜醃製，先分散地縱向削去黃瓜皮（也就是在黃瓜表面削出條紋花樣），切成厚片，用鹽抓一下，就可直接澆上梅醋食用。

嫩薑則先清洗乾淨，用滾熱的鹽水沖洗一遍。事先把梅醋裝進杯子，再把燙過的嫩薑根部插進醋裡浸泡片刻，就是一道非常開胃的料理。

每年到了梅雨季，我總是利用高麗菜、茗荷和黃瓜混在一起，做一道梅醋日式沙拉。先把高麗菜放進熱水汆燙一下，燙完之後，隨意切成大片，黃瓜用鹽抓一遍，茗荷斜切成薄片。上述三種蔬菜全部放進沙拉碗裡，混合均勻，澆些梅醋。再把切成細絲的紫蘇葉撒下。在梅雨紛紛的時節，再也沒有比這更爽口的沙拉了吧。

接下來，我們再用茄子做一道既是韓式又是中式的前菜吧。

這道料理也很簡單。先把茄子放上蒸鍋，大約蒸到茄心變軟即可。蒸好的茄頭部分用刀劃一下，然後用指尖將茄子縱向剝開，剝好的茄子以放射線形狀擺進西餐大盤裡。事先把芝麻炒香，用刀柄等物壓碎，或放在研磨缽磨成粗粒，撒在盤子中央。另外再用麻油、醋醬油混合做成調料，食用之前，把調料澆在蒸茄子上。調料裡面還可加些蒜泥，味道也很不錯。

梅乾和辣韭

上回已跟大家說過，在梅雨時期，吃些梅雨季節生長的各類蔬菜，不但令人心情愉快，味道也特別鮮美，更能充分享受專屬這個季節的風味。

上次應該也已經告訴大家，要享用這個季節的當令時蔬，最快捷簡便的方法，就是用梅醋涼拌。只要把生長在梅雨季的那些富含香氣的蔬菜用鹽醃上一夜，或者利用桌上型泡菜罐也行，到了第二天早上，淋些梅醋，再撒些切成細絲的紫蘇葉，那味道吃在嘴裡真令人痛快，心中不禁發出慨嘆：梅雨季也是很愉快的嘛！

然而，最近在一般家庭裡，有空做梅乾的女性越來越少了，這真是一件令人惋惜的事。就因為大家不肯再做那地位重要的梅乾，所以梅醋也跟著消失了，所以我們現在想用梅醋做一道涼拌菜，也做不成了。

我要毅然決然地在此呼籲大家，各位家事繁忙的夫人，請您做一點梅乾吧！請您醃一點辣韭吧！

要做就趁現在！

或許您聽過一些教料理的老師裝模作樣地說：梅乾啦，辣韭啦，這些東西做起來困難重重，麻煩多多，製作過程極其神聖莊嚴，若是得不到神助，根本不可能成功……諸如這種論調，請您一句也不要聽。只要聽我檀某說的就行！

不論是梅乾還是辣韭，只要放進鹽裡去醃，就能成功。不騙您，是真的！

只需要用鹽醃！什麼裝神弄鬼的花樣都不要。您只要下點工夫，去弄個玻璃瓶回來，把什麼梅乾啦，辣韭啦，統統泡在瓶子裡，然後放在凹間[1]的地板上，每天就當作欣賞插花，沒事就眺望一下泡菜瓶，豈不是一件開心事？您更可以不時撈出瓶裡的梅乾啦，辣韭啦，舔一舔，嘗一嘗，琢磨一下它們的味道如何變化，豈不是更令人感到痛快？

好！打鐵趁熱，說做就做。

首先請您先下個狠心，掏出一千圓去買四公斤的梅子回來。用來醃梅乾的梅子最好是顏色比較黃的那種，喔！就算是青梅，也不要緊。

只要先把青梅的苦澀除去，就沒問題了。青梅買來之後，請放進水桶用水浸泡一夜。

第二天，把桶裡的青梅洗淨後，裝進笊籬，再把梅子上的蒂頭一個一個挑掉。最好盡量耐心一點，仔細地把每個蒂頭都剔乾淨。

1 凹間：又叫「床間」或「壁龕」，一種和室的裝飾，在房間一角做出一個內凹的小空間，通常會以掛軸、插花或盆景作為裝飾。

趁著梅子還沒全乾，重新倒回桶裡，然後撒上一點二公斤的食鹽，用手攪拌均勻。食鹽拌勻後，梅子上面壓一片內蓋，再放上重物加壓。食鹽將會逐漸滲入梅子，我們要根據醃漬的情況，隨時改換更有分量的重物加壓。

梅乾剛剛醃上時，也可以順便把紫蘇葉一起放進去，但我們這次還是先讓梅乾醃得入味，等到紫蘇大量上市的時候再把紫蘇放進去。為了讓大家能夠事先做好準備，我先把紫蘇的分量告訴大家。大約四公斤梅子裡面，可同時放進一公斤紅紫蘇。

再說辣韭，現在正是旺季，請大家買回帶泥的辣韭四公斤（一公斤大概七十圓）。只要把這些辣韭醃起來，大概就夠一個普通家庭吃上一整年了。帶泥的辣韭買回來之後，用水大致沖洗一下，將六百公克左右的食鹽均勻地撒在表面，壓上重物，重量不需太重。如果鹽醃片刻還沒看到辣韭裡的水分冒出來，可以加入少量清水。

醃漬的梅乾或辣韭都是一種鹽醃食品，可以保存很久。只要多放食鹽，就不會發霉或腐壞。第一次做梅乾或辣韭的人，多放食鹽比較不容易出錯。您的成品就不至於發霉或爛掉。

但那些很會做梅乾或辣韭的人，他們非常討厭多放食鹽，總喜歡把鹽量減到最少，非弄到成品差一點就要發霉，或差一點就會臭掉的那種程度，而且他們對自己這種能力非常自豪，還自稱是獨門祕方呢。

我做梅乾或辣韭的原則，是寧願讓成品鹹一點。成功總比失敗強多了吧。而且我的醃製法已盡量簡化，許多繁雜的手續都省略了，所以說我的方法應該是最棒的，大家學會之後，可以一邊抱著玩樂的心情，一邊循序漸進，試做一些難度較高的醃漬料理。

說到這兒，我們再回過頭來說辣韭吧。剛才撒上食鹽的辣韭應該已經有很多水分冒出來了，對吧？這個鹽醃辣韭，通常應該可以保存一、兩年都沒問題。大家可以分批撈出來，挑揀加工一番之後，再泡進甜醋、梅醋或醬油裡，分別做成甜醋辣韭、梅醋辣韭，或辣韭鱉甲漬[2]。

簡單解釋一下吧。我們把鹽醃辣韭撈出來之後，剝掉一層表皮，兩端切除，然後泡進食醋與冰糖合成的液體當中，這就是甜醋辣韭的作法。

但有一點要注意的是，我們的鹽醃辣韭味道可能會過鹹，所以應該先用清水浸泡兩、三小時除去鹽分。然後在鍋中重新煮一鍋鹽水，加入食醋、辣椒，等到鍋中沸騰後關火，靜待液體冷卻才把除鹽的辣韭泡進去。冰糖可以按照各人口味調節。加入冰糖後，剩下來的工作就是靜待甜醋滲入辣韭了。我想，大約到了第二十天吧，味道就很不錯了。

家母醃製辣韭的方法，是將鹽醋混合後煮沸，把這鍋滾燙的醃汁從辣韭上澆下。據說，這樣辣韭的嚼勁會比較爽脆。

總之，一切都可隨您的喜愛而定。如果把鹽醃辣韭泡進梅醋，做出來的就是梅醋辣韭；

2 鱉甲漬：蔬菜鹽醃之後再放進醬油和味醂混合液裡，醃製出來的成品呈現琥珀色，因此得名。

在鹽醃辣韭的罐裡再澆些醬油，就能做成琥珀色的辣韭鱉甲漬。

下面再來看我們的鹽醃梅子，究竟醃成什麼樣了？

紅紫蘇上市的季節快到了。屆時請各位橫下心多買一些。買來之後，把葉子摘下，細心用水清洗乾淨，再用食鹽細心揉搓一番，並擠出葉片滲出的黑色苦澀汁液。

這道除去苦澀的手續如果做不好，紫蘇醃製出來的味道和顏色就不可能好。

苦澀雜質除去之後，我們把紫蘇葉泡進鹽醃梅子的醃汁裡，一瞬間，您會發現醃汁變成了美麗的紅色，對吧？這就是梅醋，光是這道製作梅醋的手續，您就能感受到自己動手做梅乾的幸福。

梅醋完成之後，等到土用[3]期間，趁著天晴把梅子和紫蘇葉從梅醋裡撈出來，放在陽光下曬一曬，晚上再把它們重新放回梅醋裡。

請大家挑選三個大晴天，反覆進行這項工作，如此一來，梅皮和梅肉很快就會變軟，梅乾也能醃得更加入味。

至於曬過梅子和紫蘇葉之後的步驟，每個地方流行的方法不盡相同。有些地方喜歡把梅醋倒出來，裝在另外的瓶裡，也有些地方一直讓梅子浸泡在梅醋裡。

---

3 土用：原指立夏、立秋、立冬、立春等「四立」之前的十八天，這裡專指立夏之前的「土用」。

夏季至秋季

柿葉壽司

柿子樹的葉子還沒變黃，趁現在柿葉的顏色如此美麗，大家一起來做一道柿葉壽司吧。如果您剛好收到朋友送來新上市的整條新卷鮭魚，別每天都把鮭魚拿來鹽烤，偶爾也可以加些酒粕做湯，或用來做成柿葉壽司，分送給親朋好友。

關於柿葉壽司的作法，谷崎潤一郎先生在隨筆《陰翳禮讚》中曾經提到，並把吉野[1]山中流傳的作法非常詳盡地記錄下來。我按照他的紀錄，已經嘗試過很多次。鮭魚肉真的跟他寫的一樣，變成了透明色，過鹹的鹽味也被消除，再配上柿葉鮮豔的色彩，成功地做出一道鮭魚壽司。所以，我們今天就按照谷崎潤一郎先生的紀錄，按部就班地練習吧。

先用一升白米煮成較硬的米飯。大鐵鍋裡的米湯開始沸騰時，倒進一合[2]清酒。

蒸煮完畢後，靜待米飯冷卻。等到鍋中的米粒全都變冷了，用手沾一點鹽，抓一把米飯捏緊，做成一個個小型飯糰。捏製過程中，注意手上不要沾到水分。谷崎先生的文章裡也提示我們，手裡只沾些鹽捏成飯糰，就是製作這道料理的祕訣。

接下來，請把新卷鮭魚像切生魚片那樣切成薄片，一面把這些魚片貼在飯糰上，一面用柿葉包起來。柿葉和魚片上的水分盡量擦乾。包裹飯糰時，柿葉的表面向內。

全部的飯糰都用柿葉包好後，找一個木製的飯桶或壽司盆，都沒有的話，可以改用其他任何容器。把這些包好的柿葉壽司細心地排列在容器裡，盡量排得緊一點，不要留下縫隙。排放完畢後，上面壓一片蓋子，用重物壓住，重量大約跟醃菜時使用的重石一樣即可。

第一天晚上做好，第二天早上就可以吃了，味道最佳的時期是第二天。第三、第四天也還勉強可吃。

品嘗之前，可用紅蓼葉沾一點醋，滴灑在壽司上。

谷崎潤一郎的文章裡大致記錄了這些作法、吃法。我每年大概都會照著文章做上兩、三回。

這道菜的祕訣有兩個：一是絕對要擦乾水分，二是絕對要等到米飯完全冷卻才開始包飯糰。只要能遵守這兩點，壽司裡的鹽醃鮭魚就會變成透明色，看起來就像新鮮鮭魚一樣。

現在再順便介紹另一種利用鹽醃青花魚製作的柿葉壽司。

---

1 吉野：指奈良中部的吉野郡。

2 一合：約等於一百八十毫升。

首先，我們調製壽司飯，味道最好調得比較甜。基本調味料跟普通壽司一樣，先把醋與砂糖的混合液拌進飯裡。鹽醃青花魚切成薄片，再把魚片放在飯糰上，用柿葉包起來。包好之後，仍然找個飯桶或壽司盆，或其他桶狀容器，把壽司一個個緊緊地排進容器裡，上面噴一些清酒，壓上一片蓋子，然後用重物加壓，大約到第二天或第三天，就可以吃了。

今天介紹的這兩道料理都是柿葉壽司，雖然是完全相同的東西，卻可根據各人的喜好，把內容稍作修改。譬如把白飯改為壽司飯，或把鹽醃鮭魚改成鹽醃青花魚。

這兩種柿葉壽司都屬於夏季的食品，傳說夏天吃了這種食物，就不容易中風。

印籠漬

現在正是白瓜大量上市的時期，跟白瓜同時收成的，還有紅蓼、茗荷、青紫蘇、嫩薑、綠辣椒……等，這些充滿香氣的蔬菜正逢盛產期，今天就向大家介紹一道充滿古典風味的醃菜「印籠漬」吧。

大家一聽「印籠漬」[1]這個名字，或許會以為這是一道多麼神聖崇高的料理，其實這只是一種平凡的醃菜，做起來既不困難，也毫無特別之處。

今天介紹這道料理，只是想盡情利用當令時蔬，把季節的香氣和爽脆的口感保存起來。所以請不要被名稱嚇倒，也不必一下擔心買不到這個，一下又憂慮找不到那個，而不敢放手去做。

只要利用手邊現有的材料就夠了。請把自己能找到的時蔬，統統塞進白瓜，撒上食鹽，

1 印籠漬：「印籠」是古代用來裝藥品之類隨身物品的小盒，最初是用來裝印章，所以叫做「印籠」。「印籠漬」因為形狀像塞滿小東西的「印籠」而得名。

壓上重物。做好以後，切成小塊送進嘴裡。這是多麼令人愉快的事！而且還能消除夏日的食欲不振呢。

下面就介紹作法。請大家買兩、三根白瓜回來。順便再買一捆青紫蘇，少許獅子唐椒[2]，如果還能買到茗荷的話就更好了。現在也正是嫩薑大量上市的季節，也可以買一些。至於紅蓼的花穗，可能就很難碰到了，反正這東西買不到也無所謂。

材料買來之後，先把白瓜的兩端切除，大約切掉兩公分左右。再把白瓜切成兩半，當然也要看白瓜的長短啦，總之讓白瓜變成圓筒狀，然後把中心的瓜瓤挖掉，看起來就像一段隧道似的。

這道手續一點也不難，盡量找個細長的勺子（調雞尾酒用的那種長勺最佳……），用這勺子挖掉瓜子周圍黏呼呼的部分就行了。

挖好之後，用少量食鹽抹遍白瓜表皮和中心。

青紫蘇也用食鹽揉搓一陣，擠掉蘊含雜質的黑水。接下來，茗荷、嫩薑、獅子唐椒、紅蓼花穗……等時蔬也用食鹽抓一下，擠掉水分，用青紫蘇葉把這些材料全部裹起來，塞進白瓜中心的洞裡。材料最好切得長一點，等醃好之後再把突出洞口的部分切掉。

如果白瓜中心的洞口實在太大，可以削掉茄子皮，把白色茄肉泡水片刻，用鹽抓一下，跟其他材料一起用紫蘇葉裹緊。

我之所以會想到茄子，是因為聽說以前熊谷地方有一位料理老師，他的「印籠漬」作法非常講究，這位老師說過，沒有白茄的話，白瓜「印籠漬」是絕對做不成的。他說的白茄，其實是一種白色的綠茄。聽了這位老師的高論，我才恍然大悟，醃製「印籠漬」的白瓜洞口太大的話，可以利用白茄來塞滿。但是啊，現在要在市場裡找一根白茄，比醃製「印籠漬」不知困難多少倍呢。

所以我通常都是用普通茄子。先把白色茄肉的色素雜質用水泡掉，然後假裝它是白茄，偷偷跟其他材料一起用紫蘇葉裹起來，塞進白瓜的洞裡。

有的材料我們買不到，也就只好作罷。譬如紅蓼，如果有了這東西，我們的「印籠漬」就會散發出紅蓼特有的微辣，沒有它，只有白瓜、青紫蘇和茗荷，這樣也足夠了。

塞好各種材料後，把白瓜放進桌上型泡菜罐裡，充分加壓，兩、三天之後就能醃得很好吃。從罐裡撈一塊出來，切成小塊享用吧。

介紹完「印籠漬」的醃法，今天順便再跟大家一起用蘿蔔乾做一道「脆脆漬」吧。這道泡菜有很多名字，有些地方叫它「五分漬」，也有些地方叫它「阿茶羅漬」。「五分漬」的名

2 獅子唐椒：全名叫做「獅子唐辛子」，唐辛子原為辣椒之意，但獅子唐辛子並非辣椒，味道也不辣，而是比較接近青椒的植物。

稱由來，是因為蘿蔔乾的長度被切成五分。我們也可以利用已經切成細絲的蘿蔔乾來做這道料理，但最好還是能買到比較粗的蘿蔔乾，然後用剪刀把它剪成五分（兩公分）長短。

剪好之後，把蘿蔔乾放進大碗，倒入煮沸的熱水，把蘿蔔乾燙一遍。接下來，找個玻璃瓶裝入燙完的蘿蔔乾，同時放進一小塊昆布與少許辣椒。辣椒的種子要事先剔掉。最後注入淡味醬油與醋各半的醃汁，撒些胡椒或山椒。大約等到第二天就可以食用了。

日本細麵

陰鬱的梅雨季結束了。在炎熱的夏天裡，如能吃上一盤日本細麵，實在令人欣喜！如果有人用山澗的清泉煮一鍋細麵，再用泉水洗淨端到面前來，我的心情便像山泉周圍的綠蔭和青苔一樣，頓時恢復了生氣，心中不禁嘆道：啊！天下竟有如此美食！夏季的細麵確實值得感激。

就算沒有那清淨的山泉，我們還是可以利用冰箱裡的冰塊，只要自己願意，不論何時我們都能讓冰塊和細麵漂浮在大碗裡，任何時候，我們都能假裝自己正在深山幽谷中漫遊。

然而，只把細麵沾點醬汁吞下去，好吃當然是好吃啦，可是只有細麵肯定無法引起食欲，最後還會吃成夏日特有的營養不良吧。

所以，今天想請大家稍微花點工夫，即使只做一道細麵，也多準備一點佐料，點綴在細麵的周圍，讓您家老爺發出驚訝的讚嘆：不愧是我家的細麵！

細麵最常用的佐料是蔥絲，這是誰都會做的。另外還可把芝麻煎香，然後拍碎或磨成粗粒，如此一來，我們的細麵就有兩樣佐料了。

喔，還有香菇，只需要兩個，泡水發開之後，把浸泡的冷水跟香菇一起倒進細麵醬汁裡一起熬煮片刻，然後撈出香菇切成細絲，就可以當作細麵的第三樣佐料。

還想再加一種佐料的話，可把一百公克雞肉絞碎，細麵醬汁即將起鍋前，留一點點在鍋裡，倒進絞肉，一面炒拌一面加熱，等完全煮沸再盛出來。就是第四種佐料。

剛盛出雞肉的鍋中，還剩一些較濃的湯汁，對吧？我們可以事先把茄子切絲，浸水，色素雜質洗淨，放進湯汁裡煮到收乾。我們的佐料就變成五種了。

若是順序安排得當，只需奮鬥十至十五分鐘，就能做出五種佐料。

如果還想再加上一樣，那就來一份小孩也喜歡的。用沙拉油或麻油做一盤炒碎蛋吧。如此一來，我們的細麵佐料就變成六盤了。若是再順手抓起蘿蔔，磨成蘿蔔泥，那我們的細麵佐料就有七種了！

隨手捻來，任何材料都可以拿來當細麵的佐料。當大家一面啜著細麵，一面夾起各式各樣的佐料放進醬汁，那種心情多麼愉快，多麼滿足！同時還能預防夏日食欲不振造成的營養失調。

上述所說的各種佐料，也很適合配著水煮蕎麥麵一起吃。

所謂的水煮蕎麥麵，並不是那種已經蒸熟的蕎麥麵，而是買回新鮮蕎麥麵，再用壽喜燒鍋或陶鍋煮上一鍋水，一把扔進蕎麥麵，等到麵條煮沸時，大家像吃火鍋那樣，用筷子撈出麵條沾著醬汁食用。請大家都記住唷，熱呼呼的蕎麥麵最適合配著佐料一起吃。最後還有一件事，我在前面忘了告訴大家，吃細麵的時候，最先放進醬汁的佐料，最好是薑泥。

至於醬汁的調製方法，我將在下一篇文章裡再向大家說明。

釜揚烏龍麵

上次已經說過，呼嚕呼嚕大口吞下細麵，是日本夏季才有的快樂與幸福。

但只顧著吞麵而沒有其他佐料，我們的喉頭雖然得到了清涼，營養肯定不夠，也不會有力氣抵抗夏季的炎熱，最後，自己的身體大概會瘦得像細麵一樣吧。我想奉勸大家，別再光吃細麵，好像自己是細麵專家似的，最好也能同時準備各種香料和佐料，配著細麵一起吃。

今天，想跟大家介紹一下吃細麵的醬汁。我認為關西流醬汁比關東流更適合用來搭配細麵或烏龍麵。關西流醬汁不但使用昆布和柴魚屑提鮮，也採用淡味醬油調味。

下面我就把關西流醬汁的作法簡單說明一下。首先，熬湯的乾昆布放入水中浸泡片刻之後，點火加熱，等到湯汁快要煮沸前，把刨成薄屑的柴魚倒進鍋中，並根據各人的喜好加入少許清酒與味醂，最後才倒入淡味醬油，等鍋中的湯汁沸騰起來，立刻關火，把湯裡的柴魚屑和昆布都撈出來。

如果您覺得就這樣把柴魚屑和昆布扔了，實在有點可惜，那就利用這兩樣材料以相同的手續重新煮出另一鍋湯，這就是「二道出汁」。做其他燉煮料理時，可以利用這個「二道出汁」。除了上述兩樣材料，出汁當然也可以利用小魚乾泡煮。九州居民比較常用小魚乾醬汁配細麵一起吃。

關東流醬汁的製法是把「本返汁」[1]和出汁混合在一起，但我覺得像烏龍麵或細麵之類的食物，配上顏色較淡又保留了柴魚香味的關西流醬汁更好吃。

上次向大家介紹了配上多種香料與佐料的細麵，今天，我想跟大家一起做一道非常簡單的「釜揚烏龍麵」。

烏龍麵醬汁的作法剛才已經說明過了。請大家先找個大一點的小皿（玻璃的，或其他任何質材的皆可），裝上滿滿一碗醬汁，再把薑泥、蘿蔔泥、青蔥等佐料加進醬汁裡。青蔥的蔥味較強，比小蔥更適合加入醬汁。

今天要做的這道釜揚烏龍麵有點特別，因為麵裡還要放些天婦羅的油炸碎渣。或許有人會想，為了想要這油炸碎渣，還要自己動手做天婦羅，豈不是太麻煩了？不如到天婦羅店裡買點回來吧。沒問題，那就請您去買一點吧。

1 本返汁：醬油加入砂糖、味醂（或清酒）發酵一段時期之後叫做「返汁」，是調製關東流蕎麥麵醬汁的主體，每家蕎麥店都根據店家祕傳的比例，分別調成各有特色的醬汁。「本返汁」則是將「返汁」裡的醬油，改為加熱過的醬油，加熱醬油的目的是為了除去醬油過強的鹹味，使味道變得比較柔和。

但我同時也想向您建議，何不自己花點工夫，親手做些又乾又脆，顆粒又細的天婦羅碎渣呢？

請先找個小型單柄鍋，把沙拉油倒進去。現在還有一種麻油製的沙拉油，大家若肯下個狠心多花點錢，用這種沙拉油炸一些碎渣，肯定會覺得做起來很有意思。

油鍋準備好之後，把高筋麵粉倒進大碗，麵粉只要一點點就夠了，加水調成稀薄的麵糊，然後用茶道的茶筅[2]沾一點麵糊，甩進油鍋裡，當然，如果您想用竹製鍋刷代替茶筅，也是可以的。

如此一來，我們就能做出顆粒極為細小的油炸碎渣。

油炸碎渣起鍋前，先在盤中鋪一張紙，再把碎渣倒在紙上。烏龍麵請買那種勁道較強的生麵，放在滾水中煮沸後，連同麵湯一起裝進大碗。釜揚烏龍麵是吃熱的，將熱麵放進醬汁的小碗裡，沾著醬汁一起食用。剛做好的油炸碎渣則按各人的喜好，放些在醬汁裡，用麵條沾著一起吃下去，味道真的很不錯。

2 茶筅：日本茶道用來調攪抹茶粉的工具，一端是把手，一端用竹塊精細切割成無數細條狀。

冷汁

每年令人鬱悶的梅雨季快要結束時，鹿兒島和宮崎周圍地區的家家戶戶都要做一種具有自家風味的「冷汁」來吃。

「冷汁」是什麼呢？我先簡略地說明一下。我們先煮一鍋大麥飯，同時再準備一種黏呼呼的冷湯，這種湯是用很濃的出汁加入溶化的味噌醬製成。大麥飯煮好之後，熱騰騰的裝在碗裡，一面把冰得很涼的濃湯澆在飯上，一面像喝山藥泥似的發出呼嚕呼嚕的聲音，連湯帶飯一起喝下肚裡。

至於這道料理的佐料，種類可多了，譬如香蔥、青紫蘇、山椒葉、茗荷、黃瓜、海苔，或甚至蒟蒻絲，都可以當作佐料。把這些材料切切弄弄，撒在湯飯上，一股腦兒吞進肚裡，梅雨帶來的陰鬱頓時一掃而空，心底似乎突然湧起了對抗炎夏的勇氣，所以說，這是一道豪爽又痛快的盛夏料理！今天我把這道「冷汁」的作法教給大家，請各位夫人用它慰勞一下早已熱得奄奄一息的老爺們吧。

在鹿兒島和宮崎等地，每年杜鵑鳴唱的時節，也正是飛魚的盛產期。據說當地人吃這個

「冷汁」的時候，習慣配上一道飛魚料理。作法是在曬乾的飛魚上澆一遍滾水，把魚肉撕成小片，放在清酒裡浸泡片刻。

四國的宇和島也有一道完全相同的料理，而且名稱就叫做「薩摩[1]汁」，可見九州南端的「冷汁」應該就是「薩摩汁」的起源。

下面就介紹作法。請各位先去買五百公克的小鰺魚[2]。魚身側面突起的稜鱗和魚肚可請鮮魚店幫忙除去。

瓦斯爐兩側放置一塊紅磚，因為烤魚的時候，想讓火焰距離魚身遠一點，所以把鐵絲網架在紅磚上。鐵絲網下面先墊一塊烤魚的鐵板，也就是說，不讓瓦斯的火焰直接炙烤魚身，這樣鰺魚才能全身烤透卻不被烤焦。

我們在烤魚的同時，請您再另外找一塊杉木板，不論是點心盒蓋或其他用途的小木板都可以。找到杉木板之後，請把味噌醬滿滿地塗在板上，然後用小木棍撐著放在火上細心燒烤。

等待魚肉和味噌醬烤熟的這段時間，請找出研磨缽，把剛炒好的芝麻放進去研碎。

芝麻磨碎之後，鰺魚也就烤得差不多了。把魚頭、魚皮和魚骨拆下放進鍋裡，再將剔掉魚刺的魚肉陸續放進研磨缽。魚肉全部拆完之後，鍋中注入清水，用中火熬成一鍋較濃的出汁。

鰺魚肉放進研磨缽之後，先用研磨棒咚咚咚狠敲一陣，把魚肉敲得又鬆又軟，再把剛才用遠火細心烤炙過的味噌醬全都倒進研磨缽。

您或許會問，味噌醬和魚肉、芝麻的比例各占多少呢？多少都沒關係啦。大概魚肉和味噌醬各占一半，再加入十分之一的芝麻吧。不妨以這種比例試試看。

研磨缽裡的魚肉、芝麻和味噌醬全部攪拌均勻後，把容器裡的「芝麻鰺魚肉味噌醬」抹在研磨缽的底部，全面抹遍，壓緊，把研磨缽翻過來，碗口向下，倒放在鐵絲網上用火燒烤。

烤完之後，我們把剛才用魚頭、魚皮、魚骨煮成的出汁倒進研磨缽，利用湯汁的水分把味噌醬溶成黏呼呼的濃湯，看起來就像山藥汁似的。但在加入出汁之前，請先舀出一些缽裡的「芝麻鰺魚味噌醬」，因為這東西還可以用來做別的料理，是相當珍貴的材料。（我將在下篇文章向各位介紹作法。）

研磨缽裡的濃湯就是「冷汁」，請把它放在冰箱裡冷藏片刻。

接下來，用大麥和稻米各半煮成一鍋麥飯。煮好之後，熱騰騰的麥飯裝進碗裡，上面撒些蔥花、青紫蘇、海苔，或是切成細絲的蒟蒻……只要您能想到的佐料，都可以撒在麥飯上，最後再把「冷汁」澆上去。吃這道料理時，就像喝湯似的，唏哩呼嚕地把整碗麥飯喝下去。

---

1 薩摩：即鹿兒島的古名。

2 鰺魚：竹筴魚。

芝麻鯵魚味噌醬的田樂

天熱時，最適宜吃些溫暖地區的南國料理；等到天氣變冷了，最好改吃寒冷地區的北國料理。

上次介紹的「冷汁」是薩摩、日向等地的家常菜，每年盛夏時節，當地居民用純大麥煮成麥飯，再把冰涼的「冷汁」澆在熱騰騰的麥飯上吃，那種熱中帶涼的感覺，實在令人感到過癮又痛快啊。

各位應該還記得，上次做好的「芝麻鯵魚味噌醬」，我曾請大家預先留下一部分。如果您擔心留下的分量不夠，不妨多做一些。譬如原本想買五百公克鯵魚，何不乾脆下個狠心買七百公克回來算了。因為留下其中的二百公克至三百公克「芝麻鯵魚味噌醬」，轉眼就變成一種珍貴食材，可以做出另一道完全不同的料理呢。現在，我先簡單地跟各位一起複習一下「芝麻鯵魚味噌醬」的作法吧。把剛炒好的芝麻放在研磨鉢裡，細心地研磨成粉，把烤熟的鯵魚肉拆下來，放進研磨鉢裡，跟芝麻一起研磨成泥。

接下來，把烤炙過的味噌醬加進鉢，重新細細研磨。儘管作法十分簡單，但最重要的是，必須利用研磨的動作讓味噌醬烤炙後的香味更顯突出。

鹿兒島、宮崎等地是把這味噌醬做成丸子，用竹籤串起來放在火上烤炙，或放在鐵絲網上燒烤。宇和島地方則把味噌塗在研磨鉢底部，盡量壓緊，抹平，然後直接把研磨鉢倒扣在火上燒烤。

幸田露伴先生曾說，把味噌醬塗在短冊掛軸的杉板上以火燒烤，味道最佳，也是最痛快的事。我猜幸田先生所說的短冊掛軸，大概是神代杉[1]或屋久杉[2]之類的千年古樹，味噌醬沾上這種杉木的香味之後，或許會散發出難得的奇香吧。

上述這類風雅軼事我就不再多說，重要的是，請大家烤炙味噌醬時特別小心，一方面注意不要烤焦，另一方面務必要把味噌醬完全烤熟。烤好的味噌重新再跟芝麻和鰺魚一起細細研磨，做成「芝麻鰺魚味噌醬」，然後把醬揉成丸子，或塗在木板上，甚至直接抹在研磨鉢的底部也行，反正要把磨好的味噌醬再度放在火上烤炙一番。這才是最重要的。

只有這樣處理，鰺魚的腥味才能完全除去，也才能製成芝麻、味噌醬與鰺魚三者香味渾然一體的醬料。

大家製作「冷汁」之前，請先預留一些「芝麻鰺魚味噌醬」。我們可以先把醬揉成丸

---

1 神代杉：在水裡或土裡埋藏過漫長歲月年的杉木。

2 屋久杉：生長在鹿兒島屋久島的天然杉木。

子，用竹籤串起來。

等到要吃的時候，重新把丸子放在火上耐心地燒烤一番。

這種經過多次烤炙的「芝麻鰺魚味噌醬」也可代替普通的味噌醬，塗在田樂[3]上，吃起來味道非常鮮美。換句話說，凡是像風呂吹蘿蔔[4]、芋頭、豆腐、蒟蒻等水煮料理，只要把水分濾乾，塗些「芝麻鰺魚味噌醬」上去，立即就能變成一道美味的下酒菜。

所以說，「芝麻鰺魚味噌醬」等於是「冷汁」的副產品，而且可以用來做成另一道味道別致的田樂。記得這種田樂在大分地區很常見，但我卻把名稱給忘了。大家只要記住它叫「芝麻鰺魚味噌醬的田樂」吧。

接下來再介紹另一道料理。同樣也是使用這個「芝麻鰺魚味噌醬」瞬間就能做成的「醋味噌涼菜」。先在「芝麻鰺魚味噌醬」裡加入少許砂糖，倒些黃芥末粉，澆一點醋，細心攪拌均勻，立刻就能變成美味的「醋味噌」。不論魷魚也好，蒟蒻也好，或是新鮮香菇、大蔥，都可以拿來涼拌。把上述這些材料放進滾水小煮片刻，水裡別忘了撒些食鹽，撈出來之後，澆上這個用醋稀釋的「芝麻鰺魚味噌醬」，再撒些青紫蘇或山椒葉，端到您家老爺面前，說不定他會驚喜得大叫呢。

3田樂：日本的鄉土料理，用竹籤串起豆腐、蒟蒻、茄子或芋頭進行燒烤後，塗上味噌混合各種香料製成醬料食用。

4風呂吹蘿蔔：即「水煮蘿蔔」。「風呂」原為澡堂之意，據說從前每到冬天，製作漆器的職人總為漆器的乾燥問題煩惱。因為漆器的油漆必須在高溫高溼的環境下才能變乾，於是職人想到把漆器放進充滿蒸汽的澡堂。但是澡堂燒水花費甚多，職人覺得可惜，因此想到燒熱水時順便燉煮蘿蔔，拿去分送鄰里。

湯膾

天熱的時候應該吃些溫暖地區的南國料理！所以我們已經連續介紹了「冷汁」、「芝麻鰺魚味噌醬的田樂」等料理，今天，我再介紹一道日向、大隅、薩摩等地流傳的「湯膾」，然後，我們就要暫時跟南日本說再見了。

「湯膾」的名字聽起來十分高雅，是一道樸實無華的日本南方家常菜，適合夏季也適合冬季食用。

前面提過，我向大家介紹的料理是把鰺魚烤熟，然後跟芝麻、味噌醬混在一起研磨成泥。今天我們要做的料理，還是先把鰺魚烤熟，再把魚肉拆下來，所以當您製作「冷汁」或「芝麻鰺魚味噌醬的田樂」時，其實可以同時多烤一些鰺魚，把魚肉拆下來備用。如此一來，您等於就是一舉四得，一次就完成了「冷汁」、「田樂」、「醋味噌涼菜」和「湯膾」四道料理。

下面就向您介紹作法。首先，請準備半根蘿蔔，削皮，切成細絲。喔，您也可以不用菜刀，而改用專門切絲的切菜器，「沙沙沙沙」一陣亂刮，眨眼工夫就把蘿蔔弄成了絲狀。記得從前有一種竹筒做的切菜器，把竹筒劈成兩半，在其中一端裝上刀片。現在也有各式各樣的塑料切菜器，總之，不管您利用什麼方法，只要能把蘿蔔弄成粗絲就好。

其實，日向地區從前倒有一種「嘰哩咕嚕切菜器」，模樣看來很笨拙，用起來卻很過癮，用這道具來做「湯膾」真是再適合不過了。因為它能把蘿蔔切成千變萬化的形狀，粗絲、細絲、碎粒、大塊……都沒問題。可惜現在要找這個「嘰哩咕嚕切菜器」已經很困難了。

所以我使用的是現代的大型切菜器，用它把蘿蔔切成細絲、薄片，也用它把蘿蔔磨成碎泥，一口氣就把蘿蔔解決掉了。另外，為了讓菜色豐富一點，再找一根胡蘿蔔，也照樣切絲、切片，我們的材料就算準備齊全。

鍋子最好是大一點的陶鍋，如果沒有陶鍋，也可以用中華鍋。先把鍋子放在火上燒熱，倒入少許沙拉油，分量嘛，大概三大茶匙吧。

等油燒熱了，把半塊豆腐放下去翻炒，一面用手捏碎豆腐，一面下鍋。接著，倒入蘿蔔絲和胡蘿蔔絲一起翻炒。

這時最好加強火力，一口氣炒熟鍋中材料。若是火力太弱，炒出來就不好吃了。這一點很重要，請大家不要忘記。

鍋中的蘿蔔、胡蘿蔔看起來都熟了的話，加入少許出汁，再加些鹽和淡味醬油。雖說只是為了調味，但如果倒進普通醬油，我們辛辛苦苦切好的紅白兩色蘿蔔，就被醬油的顏色弄髒了。請大家盡量使用淡味醬油，只用食鹽調味亦可。

倒進出汁之後，湯汁再度沸騰起來，我們就把烤熟的鰺魚碎肉全部放入，攪拌均勻。起鍋前，鍋裡再添些綠色，譬如撒些小蔥，或青蔥切段丟進去，再澆一些醋（或檸檬汁）。趁著青蔥還沒完全變熟，再淋上一小茶匙的麻油後即可關火。

好，這道菜完成了。紅、白、綠三種顏色看起來非常美麗，吃進嘴裡，如果能感到一種像醋拌涼菜的酸味，就更理想了。最後澆下的麻油，主要是為了消除鰺魚的腥氣。

端上桌之前，再撒一小撮切碎的柚子皮的話，我想，味道一定更棒吧。

咖哩飯（西歐式）

天熱時就該吃溫暖的南國料理。這句話，我已經重複很多遍了。這話剛說出口，立刻浮現在我腦中的形象，就是印度和爪哇等地的咖哩料理。大家現在叫做「咖哩飯」的那種食物，日本全國國民對它都感到熟悉又親近，但其實這種濃湯式的咖哩飯跟拉麵一樣，是日本人自己創造發展出來的一種日式咖哩料理。不過我也跟大家一樣，非常喜歡這種日式咖哩飯。

每當我出門旅遊，不論走到哪個小鎮，我都會找一間小食堂走進去，一面休息片刻，一面品嘗放了很多豬油炒熟的咖哩飯，這可是我在旅途中的一大樂事。

大致來說，咖哩飯可分為兩種，一種是印度式，另一種就是西歐式。

不，或許應該說，西歐人做印度式咖哩的時候發現，不如把它改為西歐式，做起來更簡單、順手，味道也更容易接受。所以西歐式咖哩就這樣誕生了，而我們日常熟悉的日式咖哩飯，也是吸收西歐式作法，逐漸演變而來。

今天我想先介紹這種最簡單、最美味的西歐式咖哩飯的作法，至於印度式咖哩料理的作法，等到之後再來介紹吧。

印度人做的咖哩料理，不需要事先做奶油炒麵糊加進咖哩湯汁，故意把料理弄得黏呼呼的。印度咖哩是先把奶品提煉的酥油、植物油，或椰奶放在鍋中細心慢炒，炒得液體收乾，料理的湯汁因而變得濃稠，但西歐式的咖哩料理，則是利用麵粉做的炒麵糊來增加湯汁的濃度。

我們的咖哩講座第一回要介紹的，是作法最簡便的西歐式咖哩飯。

第一個步驟，用油翻炒大量洋蔥。是的，如果要做五人份，就需要五顆洋蔥。先把洋蔥切成兩半，分別切成細絲。

切完之後，大概洋蔥絲已堆滿整個笊籬了。請找一個材質厚重的平底鍋，或找個像中華鍋那樣的大鍋，倒入沙拉油與奶油各半調成的食油，耐心地細細翻炒洋蔥。

當然，如果您不討厭大蒜，也可以加入蒜片跟洋蔥一起翻炒，味道一定會更加可口。

這裡所謂的細細翻炒，是指耐心地花上很多時間慢慢地炒，最好使用小火，慢工出細活。鍋子如果夠厚的話，應該不會炒焦，您可以一邊炒一邊看電視，只需偶爾翻攪一下，大約翻炒一個多小時就可以了。

炒到最後，洋蔥的分量會變成原來的四分之一，顏色也變成茶褐色，幾乎再也炒不出任何水分，這時，加入大約半碗麵粉跟洋蔥一起翻炒，攪拌均勻。然後加入咖哩粉，再澆些高湯或清水，讓咖哩粉、麵粉和洋蔥全都融為一體。

接下來，用另一個平底鍋翻炒您喜歡的肉類。碎豬肉、五花肉、牛肉塊或者雞肉都可以。

點燃猛火，用沙拉油或奶油迅速翻炒肉類，也可隨各人的喜好，邊炒邊加入一些切成小塊的馬鈴薯、胡蘿蔔、香菇等，翻炒片刻。

等鍋中的材料都炒熟了，全部倒進剛才那個炒洋蔥的大鍋裡，點燃小火慢慢燉煮。燉煮之前，最好再按照各人的喜好加入一些香料，譬如月桂葉、芹菜心、丁香、百里香等。

如果能再加些印度酸甜醬當然更好，沒有的話，改用果醬或番茄醬也可以。先撒些食鹽調味，也可澆些辣醬油增加風味。等到咖哩湯汁煮好後，如果覺得有需要，還可以再多撒些咖哩粉。

咖哩飯（印度式）

這次要向各位介紹印度咖哩的作法。夏季即將結束的現在，就讓這道飽含番紅花香氣的料理，將夏末令人難耐的酷熱一掃而空吧。

所有的咖哩料理都呈現一種特別的黃色，因為製作咖哩料理使用的香料中含有番紅花和薑黃之類的黃色香料。

番紅花是一種香味強烈的黃色草藥，是用番紅花的花柱陰乾製成，據說能夠活血，對胃腸也有益處，並具有卓越的鎮靜效果。

但花朵很小，而且只有花蕊可供採集、陰乾，價格也非常昂貴。

也因為這個理由，一般咖哩粉的成分裡並不包含番紅花，而改用薑黃混在其中。薑黃是一種黃色根莖植物，跟老薑有點類似。

印度人在家烹製咖哩料理時，先根據各人的喜好，把各種香料放進石臼裡搗碎，然後才把香料放進料理，但我們可沒那麼多閒工夫，今天就使用一般的咖哩粉吧。這種事先混好的香料粉用起來倒是很方便。

但我想請大家另外加入一些番紅花，就當是難得奢侈一回好了。番紅花在藥房、中藥店或百貨公司的香料專櫃都能買到，一瓶大約四百圓左右。雖說是一瓶，其實分量並不多，譬如要做五、六人份的咖哩料理，恐怕就得用掉三分之一瓶呢。

首先，請大家用菜刀把番紅花切碎放進杯裡，再倒進一些熱水。這是為了讓番紅花的色素盡量揮發。

今天的材料使用煮湯用的雞塊，請大家先買六百公克左右的雞塊回來。

洋蔥切成極薄的薄片，大蒜生薑也切成薄片，跟洋蔥一起放進鍋中，用沙拉油混合奶油一起翻炒。洋蔥炒到有點焦黑時，棄除殘油，全部倒在紙上。這個步驟是為了讓咖哩的顏色好看，並且增強咖哩的香味。

印度咖哩不需用麵粉調出黏稠度，而是將乳製品提煉出來的油脂，也就是酥油，放在鍋裡慢慢翻炒，一點一點地炒到油脂變濃變厚，各位如果使用沙拉油和奶油各半的組合油放進鍋中去炒，做出來的咖哩料理肯定能被歸類為上等的美味。

六百公克的雞塊放進中華鍋之後，請用多一點沙拉油和奶油。如果也能同時加點大蒜一起炒，當然味道會變得更好。

雞塊炒到表面有點焦黃時，投入切成大塊的洋蔥。洋蔥的分量大約是三顆吧。如果還想加些馬鈴薯和胡蘿蔔，最好先用別的鍋子炒熟再跟雞塊混合比較保險。

雞塊和洋蔥都炒得差不多了，請把剛才泡在熱水裡的番紅花，整杯連水一起倒進鍋裡，一面用心攪拌均勻，一面把咖哩粉加進去。

最後再加些高湯或番茄汁，分量不必太多，比裝滿整鍋稍微少一點，只要雞塊和洋蔥不會黏鍋就行。輕輕地放進兩整根的辣椒，最好再撒些芥子和胡椒磨成的粗粉粒。

剛才我們炒好後放在紙上的半焦洋蔥，請用手抓起撒進鍋裡，再加些純番茄醬和印度酸甜醬，如果沒有酸甜醬可以改用果醬，總之讓湯汁裡混入一些甜味與酸味，最後再撒些食鹽，調味的工作結束後，把剛才用另一個鍋子炒熟的馬鈴薯和胡蘿蔔也倒進鍋裡。

整鍋湯汁加熱燉煮，煮到雞骨很容易拆下來的程度，這道菜就算完成了。最後還可再撒些咖哩粉，味道一定更佳。

咖哩飯（印度酸甜醬的作法）

咖哩飯算是一種跟日本人生活最為緊密相連的料理。我想，大家最好都試著研究一下，訂出一套各自家庭的獨特作法，並分別發展出自家特有的咖哩滋味。

不論您府上決定製作哪種咖哩料理，是用奶油炒麵糊做一道西歐式咖哩，還是不用麵糊的印度式咖哩，或者烹製其他類型的咖哩。總之，只要能用沙拉油和奶油細細地慢炒洋蔥，並加些純番茄醬或番茄汁，最後加入少許果醬或印度酸甜醬，這樣做出來的咖哩料理，肯定味道都很不錯。

如果再加些番紅花、辣椒，或把整粒胡椒或芥子磨碎撒進鍋中，那我們這道咖哩料理的味道和氣味立刻又增添無比的豪放。

我在前兩回曾經提到「印度酸甜醬」，現在就簡單地向大家說明一下。這是一種類似果醬的食品，吃印度料理的時候，也會用它當佐料吃。

印度人吃咖哩飯不像日本人，不會把辣韭、紅薑絲或福神漬等食物拿來當佐料，印度人不止把這種酸甜醬當作佐料，也把它加入咖哩湯汁用來提鮮。

印度製造的酸甜醬，主要材料是芒果之類的水果，我們如想在日本自己製作酸甜醬，可以利用酸酸的巴旦杏（李子）、綠色的桃子，或尚未成熟的蘋果。

像現在這個季節，青蘋果大概已經上市了，我們可以利用青蘋果來做酸甜醬，等到國光、紅玉的價格變便宜了，也可利用這兩種蘋果大量製作，一次做出一年份的酸甜醬，將來就知道這東西的價值了。

印度酸甜醬很難做吧？或許有人會這麼想。老實說，酸甜醬的作法非常簡單，再也沒有比它更好做的料理了。

下面就來講解作法。請大家把大蒜和生薑壓扁、切碎，中華鍋裡倒進沙拉油兩、三大匙，點火加熱，慢慢翻炒大蒜和生薑，再把兩、三個蘋果切片加入一起翻炒，最後用小火慢慢地燉煮蘋果。如此而已。

燉煮時，投入兩、三根整根的紅辣椒。等到鍋中水分逐漸收乾，擠些檸檬汁，再撒粗砂糖、葡萄乾少許、食鹽一小撮，最後倒入一杯食醋。

鍋裡的湯汁越煮越少，最後，只剩下果醬似的東西，吃起來有點辣又有點酸甜，這樣就對了。

大家不必顧慮太多，不要因為第一次做，就擔心味道做得不對。

等到鍋裡的醬汁收乾，變成有點像果醬的黏稠狀，就可以關火。待醬汁完全冷卻，把它裝進玻璃瓶。在這一年當中，每次做咖哩料理的時候，一點一點地舀出來，加進咖哩湯汁裡，用起來非常方便。製作完成經過一、兩個月之後的酸甜醬，比剛做好的酸甜醬味道更佳。

我自己做這道酸甜醬的方法更簡便，因為我是用沙拉油翻炒，比較不容易失敗。或者也可採用一般製作果醬的方式，完全不用油炒，改用小火慢慢熬煮。這種文火慢熬的方式，說不定能做出更好的酸甜醬吧。

最後順便向大家說明，印度人做酸甜醬的時候，並不用檸檬汁來增加酸味，而是使用一種叫青檸檬的水果，這種柑橘的果肉較多，散發出特殊的香氣，印度人把青檸檬的汁液擠進酸甜醬裡增加酸味。

俄國泡菜

每年秋季即將降臨前，俄國人就開始忙著製作俄國黃瓜泡菜。這種季節變換的景象，日本現在幾乎看不到了。因為我們現在一年到頭都能在蔬菜店門口買到溫室栽培的黃瓜、番茄啊。

很久以前，大約二十五、六年前吧，我住在寬城子[1]的俄國村落，每年到了這個季節，大家就忙著醃製未來一年要吃的俄國泡菜，同時還要熬製番茄醬。全村都忙得天翻地覆，簡直就像辦一次祭典似的。

那時我住在一對俄國夫婦的家裡。這對姓鮑絲的夫婦把廚房的一角分租給我。每年唯有到了醃製俄國泡菜的時候，大家都不在自己家裡醃，而是村中好幾個家庭合力進行這項工作。全村人一起去買黃瓜，再一起去買食鹽，還要買大蒜、蒔蘿、辣椒、汽油桶……材料買來之後，眾人全都到鮑絲家門前集合，一面在他家的葡萄架下嬉笑閒聊，一面開始動手醃製俄國泡菜。

醃好的俄國泡菜全都裝在汽油桶裡，然後用金屬把蓋子焊接起來，使桶裡保持密封的狀態。因為桶裡裝著大家要吃上整年的泡菜。

其實這種醃菜只不過是一種酸泡菜，但它可以用來夾三明治，也可以放進沙拉，或切碎之後混入美乃滋，甚至還可當作咖哩的佐料，效果都很不錯。諸如這些用法，讓我們領會到完全不同於日本醃菜的風味特色。

完全按照俄國方式做出來的「俄國泡菜」，不適合在高溫多溼的日本食用，所以，我把作法稍微修改了一下，今天是用我自己發明的方式來做這道酸泡菜。

首先，請大家把黃瓜、芹菜心、胡蘿蔔等用鹽醃起來。食鹽可以多撒一點。黃瓜瓤裡有很多像米粒一樣的種子，最好連那些種子一起鹽醃。

找一個琺瑯鍋，或其他的鍋子也行，用這鍋子煮一鍋鹽水。鹽水沸騰時，加入一小撮粗砂糖，再加入大蒜、辣椒、一、兩片月桂葉、少許茴香粒，如果能找到的話，最好再放些曬乾的洋茴香（蒔蘿）繖形花序（花朵排列的形狀像雨傘的傘骨），或是荷蘭芹的枝梗、芹菜心等，全都放進去一起煮沸，泡菜汁的香氣會變得更好。

最後再加入一杯食醋，便可關火。待湯汁全部變冷後，倒進適當的大玻璃瓶內。可能的話，最好把那個大瓶也事先煮沸消毒，這樣比較不容易長霉。

接下來，我們便把鹽醃了兩、三天的黃瓜、芹菜、胡蘿蔔等，全部放進大瓶裡。剛才跟

1 寬城子：指滿洲國寬城子，即今天中國東北的長春市。

鹽水一起熬煮的那些香料當中，請把紅辣椒和洋茴香的花梗也一起丟進瓶裡。

這麼做倒不是為了什麼特別的理由。只因為它們漂在裝著俄國泡菜的瓶裡，看起來就像水中花一般美麗。

蒔蘿和茴香在百貨公司的香料專櫃可以買到。蒔蘿的花梗或許比較不容易找到，但蒔蘿的種子除了放進鹽水熬煮外，也可以撒在土裡。到了第二年，就會長出高大的蒔蘿，高得簡直令人害怕。等這些蒔蘿開了花，您就可以把花摘下來陰乾。

浸泡俄國泡菜的汁液裡最好能有茴香、蒔蘿的香味，如果真的找不到，只用月桂葉和大蒜也可以，您可以試試看。汁液如果長霉了，只要把發霉的部分舀掉，然後把汁液重新煮沸一遍就沒問題了。

鱈魚乾燉冬瓜

每年夏末，九州農村居民有吃鱈魚乾燉冬瓜的習慣，所以每年秋風初起，就算我並不想吃，腦中也會浮現鱈魚和冬瓜的滋味。更奇怪的是，心中也總是覺得，不吃一頓鱈魚燉冬瓜，就根本無法擺脫夏末炎熱造成的疲憊。

所以從這篇文章起，我打算占用一、兩回的篇幅，向大家介紹一下農村如何利用鱈魚棒做成菜肴。我想，現代人大概都沒看過鱈魚乾，恐怕也沒人吃過這東西吧。

想當年，每到中元節的前夕，鄉下的農民彼此送禮，都會拿曬成棒狀的鱈魚乾當作禮物。就拿我家來說吧，因為我家在鄉下是個小地主，所以每年從夏季剛剛開始，家裡就陸續收到各地佃農送來的鱈魚棒，堆得像一座小山似的。

夏天即將結束的時候，我們幾乎每天都用這些鱈魚棒燉冬瓜。鱈魚和冬瓜的香味經過燉煮，彼此糾纏，相互影響，最後變成一種難以置信的味道。那種滋味能使人深切體會，夏季馬上要過完了。

為了介紹這道料理，我還特地跑到我家附近的乾貨店，希望能在店裡找到鱈魚棒，但是很可惜，沒看到那種歪歪扭扭，硬得像岩石的鱈魚棒，我只找到從肚子剖開曬乾的鱈魚乾。

鱈魚棒被弄軟的過程很有意思，天下大概再也沒有比這更有趣的工作了。我們先用木槌敲打鱈魚棒，再放進水裡浸泡，然後拿出來曬太陽，讓它發開。之後，又重新泡水，反覆數次，才能讓鱈魚肉恢復適當的鬆軟度。

處理剖開的鱈魚乾就沒有這種樂趣，因為只需把它煮沸一遍，最多只需泡在水裡一晚就夠了。然後就可用手把魚肉扯成適當大小。

不過魚皮的部分是沒法用手扯開的。我們必須使用菜刀或剪刀，把魚皮切成小片。但是千萬不可丟棄，這是鱈魚乾最好吃的部分之一。

魚肉扯下之後，跟昆布一起放進鍋裡，加水，用小火慢煮，一直煮到魚肉幾乎溶化，才算煮好。煮到一半的時候，可把昆布挑出來，加些食鹽和清酒調味。

鱈魚的滋味都溶化在湯裡之後，請把削了皮的馬鈴薯丟進去，跟鱈魚一起慢煮。這時我們可以動手削去冬瓜的外皮。

削完皮，把冬瓜切成適當的小塊，挖掉瓜瓤，放進鍋裡跟馬鈴薯一起慢火燉煮。

不久，冬瓜會變成半透明色，這就表示冬瓜已經煮好了。請準備一些太白粉水倒進鍋中，使湯汁變得濃稠。

如果覺得不夠鹹，可以再加些鹽，如果鹹味還是不夠，也可加些淡味醬油，然後再加些味精。

味道調好之後，即可關火。再擠一些生薑汁澆在湯裡，重新把湯汁慢慢攪拌均勻，這道菜就完成了。分別盛進小盤時，再撒些薑泥和柚子皮，就是一道非常好吃的日本初秋料理。

芋棒

上次我們介紹了鱈魚乾燉冬瓜，這道菜現代的年輕人大概都沒吃過吧。不過，沒吃過也不要緊，總之，這是某個時代，曾經屬於日本的一種樸直又深奧的滋味。在那個時代，我們有時會抓起木槌猛敲鱈魚棒，再把它放進淘米水裡浸泡（發開），然後放在太陽底下烤熱，讓那硬得像石頭的鱈魚棒逐漸變軟，最後再跟冬瓜、馬鈴薯、洋蔥，或甚至黃瓜等，一起用小火慢慢燉煮。有些老人現在吃到這道料理，或許會感到非常開心吧。

不，其實就在不久前，這還是一道日本庶民非常喜愛的傳統家常菜呢。現在正當初秋，大家何不自己動手做一道鱈魚乾燉冬瓜吃吃看？

日本有許多料理都會用到鱈魚棒，其中最有名的，應該是「芋棒」吧。尤其是京都丸山公園的「芋棒」，對於京都的觀光客來說，這東西是在當地必吃的食物之一。

我還在當學生的時候，不論是丸山公園的「芋棒」，或是八瀨的「芋棒」，都還算簡樸的食物，即使像我這種窮學生也能吃得起。誰又想得到，這道菜現在竟然變成了宴會料理，價格已經漲得令學生有點吃不起了。所以我今天要向大家介紹一下「芋棒」的作法，各位就假裝自己到京都去玩了一趟吧。

鱈魚棒和芋頭做成的料理，我想也不限於京都的「芋棒」，每個地方都有當地的作法。就拿九州的久留米來說吧，當地人是把鱈魚棒和長崎芋放在一起燉煮。長崎芋的外皮剝掉之後，裡面的肉是紅色的，或許跟京都的海老芋屬於同一個品種吧。

不過我們今天要做的「芋棒」，既不會用海老芋，也不用長崎芋，我們不會用那麼高級的材料，剛好現在到處都能買到紅芽芋，用這種芋頭來做也很不錯。

首先，請在前一天晚上，用鐵鎚或其他工具把鱈魚棒好好地敲上一陣，然後放進淘米水裡加熱。煮沸之後，就把鱈魚棒泡在熱水裡，第二天如果鱈魚棒又變回原來的形狀也不要緊，如果沒有變回原形，就讓它繼續浸水、曬太陽，發開到適當程度時，用手扯開。如果您用鱈魚乾做這道菜，就不需要這麼麻煩了，只需發泡一整天即可，然後也是用手把魚乾扯成小片。

扯裂魚乾的過程中，魚肉邊緣會出現細絲般的纖維，有些部分還可能扯出極大的裂痕，這些都不要緊，這種狀態反而能讓料理的味道更鮮美。還有，魚皮也絕對不可拋棄，請用剪刀剪成小片。

接下來，我們要用柴魚屑和昆布泡煮出汁。或許有人會問，好不容易找到鱈魚棒來燉煮，怎麼能用柴魚屑和昆布的出汁提鮮呢？這不是亂搞嗎？事實上，我們上次用冬瓜燉鱈魚棒的時候，只靠昆布出汁提鮮，味道就非常好，但用鱈魚棒燉煮「芋棒」的話，我覺得調味弄得稍微複雜一點，味道將會更鮮美。所以請各位用柴魚屑配昆布，或小魚乾配昆布，先熬製一些出汁，並在出汁裡加入醬油、清酒、味醂，同時也撒些花見糖[1]，增添少許甜味。

出汁的味道大致調得跟關東煮的出汁差不多就行了。我覺得「芋棒」最好能有砂糖增加甜度，吃起來才會覺得美味。

紅芽芋如果個頭很大，削皮後請縱向切為兩半，然後在水裡加入少許食醋，再把紅芽芋放進去燉煮。煮到筷子可以插穿芋頭時，從鍋中取出，跟拆好肉的鱈魚棒一起放進出汁，小火慢煮，最好燉上很長一段時間，這道菜就完成了。

1 花見糖：百分之百蔗糖做成的砂糖，因顏色呈現櫻花色，所以叫做花見糖。

獅子頭

前面已經介紹了很多料理，或許有人會說，你這個檀流料理教室只會做窮人吃的粗食嘛。所以從現在起，我打算換換口味，來教大家做些豪爽又過癮的料理。

剛好現在又是秋季，食欲正旺的季節，就算需要各位投資一點材料費，我想，反正前面做過的那些料理用的都是不花錢的材料，所以這點投資，各位應該能應付得了吧。

我要介紹的第一道料理，是中國的「獅子頭」。

獅子頭這道菜在中國各地都能吃到，譬如在香港，有一種中餐的吃法叫做「飲茶」。餐廳裡有許多少男少女的服務員，脖子上掛著外賣提籠似的容器，裡面裝著許多冒著熱氣的蒸籠，還有盛著菜肴的大盤，那些點心和菜肴當中，就包括了燒賣、獅子頭之類的食物。飲茶的吃法是由那些少男少女在客人面前打開提籠，讓顧客自己選擇想吃的食物，然後由他們把盤子或蒸籠端出來。

獅子頭不僅在香港能夠吃到，在中國全國各地也是一道常見的佳肴。

所以我要教給大家的這道菜，就是以獅子頭為主角的一道四川燉煮料理，跟我們的關東煮有點類似。

請大家先買絞碎的豬肉六百公克。原本是想請大家買一塊六百公克的五花肉，然後自己用菜刀咚咚咚地剁成肉泥。雖然絞肉也沒什麼不好，但手剁的碎肉比較有黏性，做出來的獅子頭也比絞肉做的好吃多了。豬肉買來之後，先把少許香菇、木耳切成碎粒，兩、三根青蔥也切碎，再加上大蒜、生薑，全都跟豬肉混在一起放在砧板上，耐心地用菜刀邊剁邊拌，混合均勻。另外再買一塊豆腐，或許整塊有點過多，我們只需要三分之二就夠了。先把豆腐的水分濾掉，或用開水燙一下。跟絞肉一起放進研磨缽，細細攪拌，順便按照自己的口味，加入少許砂糖、醋、醬油等調味料，最後澆一大茶匙麻油。

接下來，我們要用天婦羅油來炸肉丸，為了避免碎肉散落，請加些太白粉在絞肉裡，可能的話，最好再打一個蛋，然後把絞肉重新攪拌一番。

攪拌均勻後，把絞肉揉成適當大小的肉丸，按照每家的人數做，差不多每個人兩顆吧。適當地揉成圓球就行了，千萬不要過分揉搓。肉丸表面凹凸不平，味道才更好吃，而且比較符合獅子頭這個名稱。

中華鍋裡倒進天婦羅油，丟進揉好的肉丸，炸成金黃色。

另外再找一個大鍋，裝滿清水（如果裝滿排骨湯，就更好了），加入少許砂糖，倒些醬油。醬油的量可以多一點。湯汁的味道調得濃一點比較好。然後再加些大茴香（八角）、山椒，或按照情況，適當加入蔥、薑、蒜等香料。

炸好的肉丸全部放進湯汁裡，小火慢煮約一、兩小時，這道菜就完成了，不過，我們還可以按照日本關東煮的製作方式，事先煮熟紅芽芋、九頭芋之類的材料，跟肉丸一起燉煮，或加些白煮蛋、蒟蒻、香菇等，全都整個或整塊丟進去，豪放痛快地煮成一鍋，肯定能煮出天下無雙的滋味。

我通常還會另外準備一塊約五百公克的豬肉，跟肉丸一起燉煮，這樣我就可以毫不費勁地做出另一道東坡肉了。

烤牛肉

今天我們要用烤箱做一道豪華的大菜：烤牛肉。

說起這個烤牛肉，英國人做的真是好吃得無法形容。不管我們走進「薩伏伊酒店」還是「辛普森餐廳」，只要點上一份烤牛肉，肯定就能吃到美味又令人滿意的牛肉，肉塊表面覆著一層烤得皺皺的薄皮，緊連薄皮的牛肉已經全熟，靠近中心的牛肉還是半熟，肉塊的中心則是鮮豔欲滴的全生，肉色鮮紅，十分美麗，就像黎明前的夜空。

喔，大家即使做不出這麼美味的烤牛肉，至少每年也嘗試一下，親手做一次烤牛肉，給自己壯壯膽吧。

首先就請大家壯起膽子，發個狠心，去買六百公克的牛肉，最好是里肌肉或後腿肉，有困難的話，起碼也買些上等的腿肉。

買回牛肉之後，直接把鹽和胡椒撒在肉塊上，如果家中有葡萄酒的話，就把肉塊放進酒裡浸泡。

接下來，請找一個平底鍋放入少許奶油，讓肉塊下鍋稍微乾煎一下，把表面煎成焦黃色。

煎好的肉塊從鍋中取出，小心地用細繩捆緊。這道手續的目的是為了不讓肉塊散開。

把洋蔥、胡蘿蔔、芹菜等蔬菜切成薄片，分量大約能裝滿一個小鍋即可。如果可能的話，最好也同時把一瓣大蒜切片混入其中。剛才煎肉的平底鍋裡，肉汁和奶油已經煎炒成黃褐色，蔬菜切好之後，全部倒入平底鍋，重新點火翻炒蔬菜。

翻炒片刻，用細繩捆好的肉塊放在炒熟的蔬菜上面，另外舀一些蔬菜蓋在肉塊上。這是為了避免肉塊被烤箱的爐火烤焦。

我們可以把平底鍋直接放進烤箱，但如果烤箱太小，平底鍋放不進去，就把肉塊和蔬菜裝進耐熱玻璃烤盤裡，放入烤箱烘烤。

不久，肉塊就會不斷發出「唧—唧—」的叫聲，然後慢慢地被烤熟。

烤炙的過程中，請您經常查看一下烤肉的狀況，或把墊在下面的蔬菜和肉汁澆在肉塊上，或把肉塊翻個身，或在肉塊上放點奶油，或是澆些葡萄酒或清酒在肉塊上。總之，工夫花得越多，烤肉的過程也越有趣，烤出來的牛肉也越美味。

烤到某個程度時，請找一根尖銳的竹籤插進肉裡試試看，如果看到發黃的汁液從肉裡冒出來，我們就可以把肉塊從烤箱裡取出來了。

萬一連肉塊中心部分也烤熟的話，烤肉的美味程度也會大減。

連容器一起取出肉塊，靜待冷卻。

這時平底鍋裡應該還剩下一些烤成黃褐色的蔬菜吧。把肉取出來之後，請在鍋中加些番茄汁或純番茄醬，另外放些荷蘭芹的菜梗、月桂葉、丁香、鼠尾草等香料，並按照各人的口味，一面攪拌一面添加些食鹽、胡椒、醬油、辣醬油等調味料，小火慢煮，讓湯汁逐漸變得濃稠。煮好之後，這就是一道很棒的肉汁。至於醬油或辣醬油的分量，大家可以隨意嘗試，多做幾次就知道自己家的肉汁應該如何調味。肉汁熬煮完畢，用乾淨的抹布過濾一遍，裝進西餐的醬汁壺裡。

好，烤牛肉做好了，不管您想吃多少都行，切一片放在盤裡，配些西洋菜和番茄，再澆上自己親手製作的肉汁，真是一道豪華奢侈的美味佳肴啊。

一口炸豬排

跟各位讀者一樣，我決定拚了老命也要平安地走完人生漫長之路，所以我們絕對不可以敗給夏季帶來的疲勞。

為了慶祝梅雨季結束，這次我決定採用比較奢華的材料，跟大家一起做道滑膩爽口的好菜。

就像牛身上有里肌肉一樣，豬身上也是有里肌肉的。這次就請各位買一條豬里肌，重量大約是四百公克至五百公克吧。反正，請您咬咬牙，把心一橫，就買一整條回來吧。通常一百公克大約是一百二十或一百三十圓，所以一條豬里肌的價格大約是五、六百圓吧。

豬里肌的肉質很柔軟，隨便用手指撥弄幾下，就可能弄得不成形狀，所以請您特別小心，把菜刀磨利，先把里肌切成一指寬的厚片，直徑比較大的部分，切成四等分或兩等分，總之，盡量切成形狀好看的長方形。

準備一些蒜泥和薑泥撒在肉片上，另外再撒些鹽、胡椒，澆些清酒，攪拌均勻，讓肉塊先行入味。

事先在大碗裡打入一個蛋白（如果不夠的話，待會再加進新的蛋白也來得及）。攪打蛋白直到起泡，加入少許太白粉。

您如果要問太白粉的分量，這個問題我從來沒考慮過，只要油炸的時候不出問題就行。總之，就是少放一點太白粉的意思。

根據我自己的經驗，蛋白打起泡之後，把太白粉撒進去，最好稍待片刻再動手攪拌，這樣比較容易攪拌均勻，不會出現太白粉結塊的現象。

接下來的工作，只需把剛才浸泡入味的里肌，用太白粉和蛋白混成的蛋汁裹住，放進鍋裡油炸。請各位留意一下，油的溫度要比平時炸天婦羅的時候低一點，這樣炸出來的豬排外皮才比較好看，而且整體能炸得比較均勻。

平時我們總是聽到告誡，豬肉一定要完全煮熟，完全烤熟才能吃，其實豬里肌很容易燙熟，請大家趁著豬排還沒有變硬，外皮沒有炸焦之前，趕快把豬排從鍋裡撈出來。

炸豬排的油可以用天婦羅油，也可以用豬油，或沙拉油，都沒問題。

豬排端上桌之後，把桌上的小瓶食鹽裡混入一些山椒粉，然後用豬排沾著吃，我覺得這種吃法最美味。

我們這道料理的材料並不僅限於豬里肌，還可以改用白色魚肉或蝦子，裹上同樣的蛋汁油炸，也同樣好吃。

喔，如果您同時採用三種材料，豬里肌、白色魚肉和蝦子，一下子端上炸豬排、炸魚排和炸蝦，我想那一定會變成一道豪華奢侈的絕佳美味。

我在前面說明外皮的作法時，只向大家介紹了一種，就是用蛋白和太白粉混成的蛋汁，如果您希望外皮更加酥脆，還可以在蛋白裡面加些白玉粉。所謂的白玉粉，是糯米精製而成的一種米粉。因為我覺得魚肉裡的水分較多，或許蛋白和白玉粉混合而成的蛋汁更適合用來裹魚肉。

但油炸外皮的材料當中，究竟蛋白、太白粉和白玉粉的比例各占多少？還是得親自動手做過才知道。如果想讓外皮吃起來又鬆又軟，那就在蛋白裡加些山藥泥和太白粉，如果希望外皮吃起來比較酥脆，就在蛋白裡混入白玉粉。

烤羊肉串與鋁箔烤河鱒（野外料理1）

我們跟親密的朋友或戀人一起出門遊山玩水時，在那波濤洶湧的海岸邊，或是汩汩湧出的泉水旁，大家動手做一頓粗獷的料理，或煮或烤，用手抓著料理大快朵頤，開懷暢飲，天下大概再也沒有比這更令人開心又能放鬆身心的事情了吧。

只有經由這種活動，我們才能重新體認自己的活力，心情也會隨之改變，嶄新的智慧和勇氣也會從心底不斷湧起。

我這個人，雖然一無是處，但唯有一件事，我或許可以自稱大家。

假設現在我來到阿姆河，我就能在河邊做一道「鯉魚濃湯」，又譬如到了貝加爾湖，我也能在那野花盛開的湖畔，把美味的河鱒烤熟。即使是在窩瓦河邊或塞凡湖畔，我也能做出「烤羊肉串」或「俄羅斯魚湯」，其實這些都不算什麼，就算到了黃河、長江，不，即使在澳洲、紐西蘭的無人島上……現在只要一想到那地方，我就憶起當年在那兒燒燒煮煮，大吃大喝的那場野宴，真是太開心了。

從今天起，我們即將遠離家門，前往山中、海邊或河畔，設法在那兒做一、兩回充滿野趣的料理。

今天的目的地是東京下奧多摩川的神代橋下。站在這裡，清澈的多摩川從面前奔流而去，橋身跨在兩岸的山崖上，崖高僅二、三十公尺。我們在崖下發現了期待中的天然泉水，用手掬起一捧送進嘴裡，那種甘涼的美味，好像連腸胃都被泉水洗淨了。

跟我同行的伙伴共有十二人。到達神代橋的時候，時間已將近正午，大家的肚子也有點餓了。快點烤羊肉串吧！趕快烤叫化雞吧！十二雙幽怨的眼神和十二張懷著恨意的嘴巴，都在催我趕快動手。在這種氣氛下又燒又煮，我會覺得自己簡直像個傻子。

所以我決定先開車載大家去吃「御岳蕎麥麵」[1]。等他們吃完蕎麥麵，肚子填飽了，我再慢慢動手做菜吧，我想。誰知運氣太差了，「御岳蕎麥麵」的門口居然掛著「今天休息」的牌子。

看來就算我不願意，老天爺也要逼我快點動手燒製野外料理。

於是，我讓大家到河邊去釣些河鱒來。按照我原本的計畫，是想叫他們都沉住氣，去釣些多摩川香魚，然後大家一起在河邊享受一頓烤香魚。無奈同行的這群人都不是釣魚高手，

---

1 御岳蕎麥麵：專指山梨縣御岳昇仙峽的蕎麥麵。當地盛產一種形狀如鼠的蘿蔔，名叫「鼠蘿蔔」，味道極為辛辣，御岳蕎麥麵的特徵即是配著這種辛辣的蘿蔔泥食用。

要指望他們把香魚釣來，恐怕在等待香魚上鉤這段時間，大家都會餓死呢。

所幸，這群人很快就從養魚池裡釣來了六、七條河鱒。這也算是一種無奈的求生本能吧。

魚釣來之後，大家立即朝向河濱的原野奔去。

運氣很不錯，河原的形狀像個岬角，剛好突出在河流當中，而且滿地都是大石頭，最適合用來堆砌土灶，更令人高興的是，地上還有很多河水沖來的樹枝。其實今天為了預防萬一，我還帶來兩個柴油爐。但是看到眼前的景象後，我立即決定自己動手建造簡易土灶。

今天預定要向大家介紹的野外料理有三種：一、烤肉串（羊肉、雞肉、內臟），二、西式烤河鱒，三、叫化雞。

如果還有多餘時間，我打算利用室內釣魚場買來的鯉魚，再做一道「鯉魚濃湯」。

閒話少說，大家立即投入工作。首先在我的前方和身後，分別砌起一座土灶。

一座是用三顆大石頭排列而成的日本式土灶，另一座則在地面挖個坑，也就是「叫化雞專用土灶」。我今天想模仿南方小島的原住民，在坑裡鋪上石子，把悶燒的柴火放在石上，然後把芋頭葉裹住的全雞放在火上蒸烤，雞身上方也同樣鋪上柴火，再用石子覆蓋。

先說第一道菜，也就是烤肉串。我原本打算把羊肉、青椒、洋蔥等三種材料交替插在烤肉串上的，沒想到竟然忘了帶洋蔥。

烤肉串的材料已事先浸泡在醬料裡，因為我覺得烤好後再讓大家放在自己的盤裡沾著醬料吃，太費事了。醬料的基本口味是朝鮮風味，另外加些辣椒醬、塔巴斯科辣椒醬、醬油麴。用這種混合醬料浸泡材料烤出來的肉串，大家吃了都讚不絕口地嚷著：「好吃！真好吃！」

亞美尼亞當地人做這道烤肉串時，還會配上嫩綠的義大利香芹、蒔蘿、香蜂草……等香草一起吃。但我想只撒些山椒粉，味道也一定很不錯。

今天的另一道「鋁箔烤河鱒」，我在魚身上撒了些食鹽、胡椒、奶油、清酒和紅椒粉。若是鱒魚夠新鮮的話，法國人做這道菜通常不會花費太大工夫，只澆些紅葡萄酒，稍微燙熟即可。

叫化雞（野外料理2）

長久以來，我一直有個夢想，如果哪天有機會做一次野外料理，我一定要做「叫化雞」試試看。這次能來到野外做菜，真是天賜良機啊。

日本全國各地雖有各種野外料理，譬如在海邊燒烤的「濱燒」，或是用滾燙石塊炙烤的「石燒」，但卻從沒聽過在地面挖洞蒸烤的作法，這種烹飪法是將肉塊埋在悶燒的柴火與石塊當中，然後在上面覆蓋更多柴火與石塊，藉著柴火與石塊的餘熱把食物烤熟。

這次真是機會難得，我們檀流野外料理教室終於得以親身嘗試這道料理，我興奮得不得了，特別準備了兩隻全雞帶來實驗。

但可惜的是，手裡曾有這道「叫化雞」詳細作法的文章，現在卻不記得收到哪兒去了。所以今天只能根據模糊的記憶，邊想邊做。

更可惜的是，最早發明「叫化雞」作法的人，究竟是住在哪個小島的哪個民族，現在也無從確認了，也就無法在這兒向大家詳細介紹。

不知是否因為懊悔影響了心情，地上雖然挖好了洞，我準備的兩隻雞卻放不下去，這件事更令我增添幾許惆悵，膽子越來越小，人也變得有點小氣，最後我竟做出一個悲慘的決定：今天只用一隻全雞來做實驗吧。

閒話少說，先把整隻雞放在多摩川流水裡洗淨，連肚子裡面也仔細地清洗一遍。洗好之後，雞身撒上鹽和胡椒，抹上蒜泥，再把大蔥和敲扁的大蒜塞進雞肚裡，

接下來，該挖這個最關鍵的「洞」了。

因為手邊沒有可做依據的指南，眾人意見紛紛，有人說該這樣挖，有人又說那樣挖，最後終於在沙地上挖出一個直徑半公尺的大洞。然而沙土易散，不管怎麼挖，洞口周圍的沙土總是往下落，所以挖到三、四十公分的深度也算不錯了。

好在河邊的石塊很多，我們先撿些拳頭大小的石塊，一連鋪了好幾層，上面再堆些流木，燃起火來。

這是為了悶燒柴火，先把石塊都燒熱。

至於雞肉，我記得那篇文章裡是說，用芋頭葉把整隻層層包裹起來，但手邊一時找不到這麼好用的樹葉，正在暗自為難，不知如何是好，我家的大兒子太郎說：

「那我去撿些朴葉來吧。」

說完，他就往山裡奔去。可是大家等了好久，也沒看到他回來。

無奈之下，我們只好用簡易鋁盤蓋住雞的全身，這裡一片，那裡一片，把雞身遮蓋起來。遮好之後，正要把雞放進堆滿柴火與石塊的洞裡，太郎卻抱著滿懷的朴葉回來了。

大夥順手抓起朴葉，有人把葉子蓋在雞身上，有人用樹葉裹住雞身，但因為時間緊迫，沒有工夫再找繩子來把樹葉綁緊了。裹好樹葉後，雞被埋進滾燙的石塊與悶燒的柴火當中，接著又把同樣的石塊與柴火堆在雞身上，但我總覺得不太放心，所以又在最上層堆一些流木，重新燃起一堆野火。

前後大約悶烤了一小時吧。

眼看烤得差不多了，便把全雞從洞裡挖出來。打開一看，真是大吃一驚啊。平時用烤箱烤的雞，雞皮總是難免烤焦，但這「叫化雞」烤得全身鼓脹肥胖，油光光的，看起來好有威嚴。我試著扯裂雞身，看到內部的雞肉也都烤得很熟了。

連忙沾些大蒜、醬油、醋、黃芥末醬、麻油、塔巴斯科辣椒醬等混成的醬料，送進嘴裡，哎唷！真的太好吃了！

青花魚和沙丁魚的煮物

前幾天，有位電視台的播音員對我說，檀流料理教室好像只會做朝鮮、中國、俄國等地油膩的菜肴，從來都沒教過日本式煮物。

不知是否因為那天家母也在場，那位播音員接著又說，你家的日本料理，大概全是令堂或尊夫人做的吧？

「這……」

當時我只能一笑置之。其實我也是日本人，根本不必多做解釋，我家每天吃的家常菜當中，大部分都是日本式的煮物、涼拌。

尤其像鹿尾菜、豆渣等料理，從來沒從我家的飯桌上消失過，又譬如像沙丁魚、鰺魚或青花魚等煮物，一年到頭都存放在冰箱裡，我們都很習慣把這些料理拿出來下飯或下酒。我只是覺得，像這種日常的菜肴，也不值得浪費報紙寶貴的版面來一一介紹吧。

說到這兒，我倒是想起另一件事。最近這兩、三天，黑潮帶來了大量沙丁魚。

沙丁魚是我最喜愛的一種魚，不論是跟沙丁魚同類的日本鯷魚，或是另一種同類斑點莎鰯魚，都是我家飯桌上的常客。今天想向大家介紹一種與眾不同的烹煮法，這種作法非常省事，只要把買來的沙丁魚放進笊籬，用水沖洗一下就可直接放進鍋裡。換句話說，連內臟都不需清理，就直接烹煮整條沙丁魚。

不過，我們需在鍋底墊些壓扁切碎的生薑，鋪一片泡煮出汁的昆布，再用淡味醬油和梅乾調味。梅乾只需兩、三顆，細細地切成碎粒。另外還需要倒入少許清酒和半杯綠茶，沖淡一些醬油的鹹味，同時在鍋裡壓一片內蓋。為什麼要加綠茶呢？老實說，我真的不知道為什麼。我只知道加了綠茶之後，味道比較好吃。

烹煮沙丁魚的時候，我們需要利用綠茶和清酒，把淡味醬油和梅乾的鹽味沖淡一些，料理的顏色看起來也比較清淡。但烹煮青花魚就必須按照完全不同的方式來煮。

青花魚應該一面煮一面收乾湯汁，讓魚肉表面的顏色變深一點。

就算像我這麼偷懶的人，烹煮青花魚的時候，還是會挖掉魚頭和內臟，把魚身切成圓筒狀。鍋底也鋪上泡煮出汁的昆布，跟煮沙丁魚時一樣，同時也要放些切成碎塊的生薑。這一點也跟烹煮沙丁魚時一樣，最後把圓筒狀的青花魚排列在昆布上面，澆一些調和過的醬油。

很抱歉，我用了「調和過的醬油」這種咬文嚼字的說法。其實，我是指醬油跟清酒、味醂混合後的醬汁，醬汁的總量大約有一杯左右，其中醬油占一半的分量。請事先把醬汁調好，烹煮之前，把半杯「調和過的醬油」倒在圓筒狀的青花魚身上，烹煮時壓上一片內蓋。

等到湯汁快要收乾時，再倒進剩下的一半醬汁。像這樣分成兩個步驟，逐漸收乾湯汁，魚肉表面的光澤會比較好看，味道也更容易煮進魚肉裡。

小魚的姿壽司

近來日本全國上下都忙著遊山玩水，一下計畫去休假，一下又嚷著去旅遊，人人玩得不亦樂乎。

大老遠趕到外地去吃當地特色的食物，是旅途上一大樂事。但在旅遊的目的地，想找一間能夠輕鬆吃遍當地特產的餐廳，幾乎是不可能的任務。

我建議大家到海邊遊玩時，就到附近鮮魚店或市場去逛一逛，山區遊覽的話，就到山下的蔬菜店或市場去走一圈，只要在這些商店買些新鮮又當令的山珍海味回來就足夠了。

不過龐大昂貴的魚類千萬別買。

如果您是到日本海沿岸去玩，就買些青花魚、沙鮻等常見的魚類帶回來吧。如果是到太平洋沿岸去玩，就帶些鰺魚、沙丁魚、油魚或梭子魚之類的小魚吧。最好能請店家幫您把魚從背部或腹部剖開，撒上大量食鹽之後再上路。

有「冰桶」當然更好，但與其把鮮魚帶回來，不如先用鹽醃起來再裝進冰桶，等您回到家，一進門，用醋再把魚重新醃一遍，接下來的工作，只需再煮一鍋壽司飯就行了。等到飯煮出來，小魚的姿壽司也立刻完成。

這麼做，準沒錯！

不論是鰺魚、沙丁魚、梭子魚或沙鮻，鹽醃四、五小時之後，用醋清洗一遍（或用水沖洗），放進新醋裡重新浸泡一小時，魚肉剛好變得既有韌性又有嚼勁。

浸泡用的新醋，也可同時放入一片昆布，或根據自己的口味加入少許砂糖。

海邊帶來的這些新鮮小魚，經過鹽醃和醋洗的過程，排掉了多餘的水分，看起來那麼烏黑油亮，令人欣喜。

壽司飯煮好後，用手抓一把握成適當大小，塞進鰺魚、沙鮻、沙丁魚、油魚或是梭子魚的身體裡，魚肉早已飽含醋汁，肉質堅韌。輕輕拭去小魚身上的醋汁，我們的姿壽司就做好了。把剛剛煎好的芝麻隨意捏碎，撒在壽司上，再用昆布蓋住，壓上重物，稍微加壓約兩、三小時。

取下重物後，咬一口剛做好的姿壽司，嘴裡應該立即傳來一股新鮮壽司的滋味，昨天才看過的海景，才聞過的海水氣息，似乎又回到我們身邊。

旅遊歸來後的第二天，仍能享受到旅遊的樂趣。

姿壽司原應保持小魚全身的形狀，剖魚的時候自然得把魚頭留下來，魚身剖成兩半，但如果覺得麻煩，拋棄魚頭也未嘗不可。

有些鮮魚店或許不願幫顧客把沙丁魚一條一條剖開，其實與其請店家用菜刀剖，還不如自己用手指剝。您可以當場動手剝開魚肚，抽掉魚骨，撒上大量食鹽，再把魚帶回來。

最後再向大家說明一下，我家的壽司飯是以一升白米配一合食醋調製而成。為了提鮮，醋裡另外加些砂糖。米飯煮好之後，一面用電風扇吹冷，一面將醋倒入米飯拌勻。

冬瓜盅

夏季快要結束的時候，蔬菜店門口總是堆著許多形狀令人開心的傢伙，它們的名字叫做冬瓜，也有人把它們叫做東瓜。

有一句俗語：「好像表皮敷滿白粉的冬瓜。」不知大家聽過沒有？這句話是什麼意思呢？是說冬瓜表面都是白粉，看起來很好吃嗎？或是形容瓜果成熟後的美味狀態？如果您去參加電視有獎問答節目，這樣回答一定當場就被淘汰。因為這句成語的意思是說，長得特醜的人，居然還搽粉，實在太可笑了。每當我看到冬瓜的模樣，心裡總是再三回味這句俗語的詼諧。大家有機會的話，也可以觀察一下。

記得我小時候，每年夏天快要結束時，家裡幾乎天天都吃冬瓜。通常都是跟鱈魚乾、馬鈴薯等一起燉煮，最後再用太白粉把湯汁弄得又濃又稠，每當我吃著味道淡泊的冬瓜，心底深處就會升起一種「夏天快要過完了」的感覺。

現代那些時髦瀟灑的少年少女，可能根本懶得多看冬瓜一眼吧。

然而，冬瓜吃在嘴裡的那種即將融化的口感，還有氣味，跟湯汁或肉類融為一體後，又會變化為另一種絕妙的風味。所以我想建議大家，每年至少利用冬瓜做一次美味佳肴試試看吧。不用害怕，只要是有心人，就算是有名的廣東菜，咱們也能輕輕鬆鬆做成功。

好，先請大家買一個冬瓜回來。不必在意冬瓜的外型好不好看，長什麼樣子都沒關係。但必須注意的是，最好是底部能夠坐穩的。一個冬瓜的價格最多也不會超過百圓。買來之後，先把上方（連接瓜藤的部分）以水平方向切斷。因為我們等下要用這個部分做成蓋子，請不要把蓋子丟了。至於切斷的部位，最好能讓較大的湯匙，不，最好是便於自己的手從上方伸進去的位置。

為什麼切斷那個部位呢？因為我們必須在切斷之後把湯匙或手伸進去，小心地挖出裡面的瓜瓤和瓜子。萬一把冬瓜挖出洞來一切就完了，請大家千萬小心。

有些人還會削去冬瓜皮，但因為我們都是生手，必須小心，不要把冬瓜弄破，同時也為了省事，我們就把連皮的冬瓜直接放進大鍋的滾水裡燉煮。請注意不要煮得過熟，大約七分熟就從熱水裡撈出來，倒扣靜置，讓冬瓜裡的水分流乾。這道手續是為了消除冬瓜的青澀味，並為了縮短之後的蒸煮時間。覺得這道手續也太麻煩的人，就請按照下面的檀流作法進行下去。

我通常都省略這道手續，只耐心地把冬瓜內部沖洗乾淨，就直接裝進湯汁，入鍋蒸煮。

接下來說明湯汁的作法。

您可以買些牛筋，事先煮一鍋豪華奢侈的湯汁，喔，當然也可以用速成的湯塊。但要注意一點，湯汁最好準備多一點，大約是冬瓜盅容量的三倍以上。

接著，我們繼續準備湯汁裡的材料。不論是豬肉、雞肉或蝦類（沙蝦、小蝦）都可。最好先用清酒、大蒜、生薑等醃一下，撒上太白粉，再用滾水汆燙一遍。

此外，還可放些火腿絲、香菇、竹筍，先放進鍋中的湯裡，等湯汁的味道調好之後，找一個大碗，把冬瓜穩穩地放在碗底，先把湯汁澆在冬瓜周圍，再把湯汁注入冬瓜。但注入冬瓜裡的部分（也就是澆在碗裡之後，鍋中剩下的湯汁），最好再加些太白粉水，使冬瓜盅裡的湯汁看起來比較濃稠。

湯汁裝進冬瓜後，入鍋蒸煮，一直蒸到冬瓜變成半透明色為止。蒸煮完畢，裝在大碗裡的冬瓜盅直接端到客人面前。大家一面用湯匙挖下瓜肉，一面配著湯汁品嘗。冬瓜盅裡的湯汁喝完的話，再用鍋中剩下的湯汁補充。味道真是好吃得令人想喊「萬歲」。

秋季至冬季

白斬雞

秋高氣爽的美好季節來了。我聽到有人批評說，你這檀流料理教室，老是弄些廉價小氣的粗料來做菜。我聽了好不怨忿啊，所以今天打算做一道適合在秋季宴會用來待客的美味前菜，這道菜的名字叫做「白斬雞」。中國料理店的前菜盤裡除了海蜇皮、蒸鮑魚之類的料理外，還有一種顏色雪白，切成塊狀的雞肉，大家都看到過吧？那就是白斬雞。有時，餐廳也會改用鴨肉代替雞肉。吃在嘴裡，那柔軟豐滿的口感，滑嫩多汁的滋味，前菜盤裡絕對少不了這道料理。

一般家庭用全雞來做這道菜，或許有點過多，但如果兄弟姊妹、親朋好友大家都到府上聚會時，把這白斬雞切上一大盤端出來，那種欣喜的氣氛應該會加倍吧。

如果嫌多的話，我們可以買半隻，請雞肉店幫您把全雞縱向切成兩半。

這道菜做起來輕鬆愉快，一點都不困難。重要的是，請大家及早動手做。

好，先到雞肉店，跟老闆說，想在家裡烤雞，買一隻雞回來吧。回家之後，用水沖洗雞身，不只是表面，肚子裡面也必須多洗幾次，仔細地剔除肚裡的血污。或許有人還用瓶刷去刷雞的腹腔，如此大張旗鼓的誇張作法倒是沒有必要，用水好好沖洗就夠了。

請大家準備一個大鍋，裝滿清水，把整隻雞放進水中，點火燃燒。水溫逐漸升高，鍋裡的冷水煮滾，雞皮的顏色也變得越來越白。如果要說時間的話，是的，只需五分鐘到十分鐘吧。

看到雞皮變白了，立刻把雞撈出來，放在冷水下面沖洗。

然後把雞放進大碗或耐熱玻璃碗，甚至金屬大碗也可以。撒上蒜泥、薑泥，澆入大量清酒，也可隨意撒些青蔥。

中國料理的基本調味材料就是蔥、薑、蒜。這是絕不可少的材料，請大家千萬切記。我向來都把這三樣東西一起塞進雞肚子裡。

剛才請大家澆入大量清酒，或許有人會問，究竟要澆多少呢？這一點我倒是沒有測量過，總之，就像給雞淋浴似的澆上一陣也就行了。

把雞連同容器一起放進蒸鍋，蒸煮約一小時。有人或許會擔心味道能否滲進雞肉？有這種疑慮的人可以在大碗裡加些湯汁或清水，這樣的話，您的疑慮應該能夠減輕一點。

就這樣，蒸煮約一小時。

如果感覺雞肚子裡面都已經蒸熟了，我們就把整隻雞連同容器一起取出，雞肚裡的青蔥掏出來，再用刷子沾些高級麻油，塗抹在雞隻的全身。沒有刷子的話，用毛筆也行。如果用毛筆的話，雞肚裡面也能塗些麻油吧。

事先另做一鍋高湯，用雞骨熬也行。總之先做一鍋清淡無鹽的高湯，讓湯完全冷卻。等到雞隻全身塗抹麻油之後，把全雞泡進高湯裡，至少浸泡兩、三小時。

食用前，把雞從湯裡撈出來，用切魚刀連皮帶骨切成小塊，排入盤中。

食用時的沾料，在醬油醋裡加些麻油即可。

蘿蔔泥拌秋葵

春去秋來，隨著季節變換，我們跟各種魚蝦、蔬菜相逢，世界上再也沒有比這種邂逅更令人感到幸福。

夏季降臨時，白瓜、黃瓜、茄子、番茄……輪番上陣。不過我卻聽到有人抱怨，這些東西早就吃厭了。我不免覺得，這種想法真的好奢侈啊。

我想起那年在中國，也是秋季裡的一天，我從這座山走到另一座山，長途跋涉，只為了想吃一根黃瓜。當然，這已是戰爭時代的往事。因為找不到蔬菜，我翻山越嶺，歷盡千辛萬苦，好不容易走到一座山中廢屋的門前，看到院裡種著兩棵秋葵。其中一棵樹上掛著一根歪扭彎曲的秋葵。那時我心中的喜悅，真是筆墨難以形容啊。

我把那根秋葵用油炒一下，做成湯。那個秋季的日子，吃完那根秋葵，直到那年的秋季結束，我只能依靠老屋籬笆上的菜豆果腹。因為那棟山中老屋的籬笆上爬著許多豆藤，上面結了一些藍紫色的晚熟豇豆。這種菜豆在九州叫做「南京豆」，跟東京的荷蘭豆屬於同類，唯一不同的是，這種豇豆是深紫色的。

閒話扯得太遠了。秋葵早在我小的時候（也就是五十年前），已經移植到日本來了。當時秋葵是很珍貴的食物，大家都叫它「田裡的蓮花」。

秋葵吃在嘴裡最令人感動的，是那黏呼呼的口感。綠色蔬菜竟像山藥泥似的，能吃得滿嘴唏哩呼嚕的，實在令人驚喜。

秋葵既可直接放在味噌湯裡，也可做成咖哩料理，幾乎所有料理都很適合。我通常是用鹽水汆一下，時間的話，大概就放進滾水裡兩、三分鐘吧。把秋葵從梗部切成小段，混入大量蘿蔔泥，攪拌一番，味道非常鮮美。

但有一件事請大家注意，秋葵拌了蘿蔔泥一定要先放進冰箱，冷藏片刻才會好吃。從冰箱拿出來之後，重新攪拌一番，倒些檸檬醋、柚子醋或苦橙醋，另外澆些醬油，味道真是再鮮美不過了。連蘿蔔泥也會一起變得黏呼呼的。

秋葵如果放在冰箱太久的話，會變成褐色，就不好看了，請大家要小心。

蘿蔔泥拌秋葵裡面可以另外放些小魚乾，或把沙蝦燙熟，剝掉外殼一起涼拌，味道也很不錯。

我很愛這道料理，每年只要秋葵一上市，我家差不多天天都會做這道蘿蔔泥拌秋葵。雖說加些丁香魚或小魚乾，味道會變得更好，但我覺得把沙蝦放進鹽水稍煮，剝掉蝦殼拌在一起，料理的顏色和外型都會顯得更為亮麗。

除此之外，也可用鹽水煮熟文蛤或花蛤，剝下蛤肉拌在一起，就會變成另一道作法簡便、味道複雜的家常菜。

但我還想在此重複一遍，其中造型最美的，還是沙蝦的蝦仁。

金平牛蒡

樸素又簡單的日本家常菜當中，問我哪種料理最令人懷念，我想應該是金平牛蒡和鹿尾菜吧。

至少在我心裡是這麼認為。

就算家裡沒什麼菜，只要有了若布和豆腐味噌湯，加上金平牛蒡和鹿尾菜，另外再來一條曬乾的鰺魚，早餐能吃到這些，就算非常豐盛了。

牛蒡最早來自中國，這一點是不會錯的，但在牛蒡原產地的中國，現在卻看不到用牛蒡做成的菜肴，也沒人把它當成日常食品。牛蒡今天在中國已變成了藥用食品。

所以說，現在全世界最愛吃牛蒡的國家，首推日本，這種說法絕不誇張。

多年前，我在紐約的中國城發現了牛蒡，當時真是高興極了，趕緊把店裡的牛蒡統統都買下來，回家以後，立刻試做拍牛蒡、金平牛蒡……誰知那金平牛蒡吃起來軟得像豆腐，我失望透了。

說來說去，牛蒡最令人喜愛的，就是那份嚼勁和香氣。

新牛蒡剛上市的時候，我總是買些較細的牛蒡，用滾水汆燙一遍，再用刀背或研磨棒把牛蒡輕拍一陣，澆些食醋，撒上芝麻。為了讓這道「拍牛蒡」的顏色看起來明亮一些，通常我都使用淡味醬油。拌好之後送進嘴裡，那滋味真教人欣喜。

除了用醬油涼拌之外，也可用烤星鰻的醬汁熬煮牛蒡。被深色醬汁煮得黑黑的牛蒡，吃起來實在是風味絕佳。

今天我們檀流料理教室要做的是金平牛蒡，這道菜，我也喜歡把顏色弄得清淡一點。請先把牛蒡切成細絲，放進水裡浸泡片刻。胡蘿蔔也切成細絲，跟牛蒡絲混在一起。兩者的分量大約牛蒡占五分之四，胡蘿蔔占五分之一。

今天這道金平牛蒡，我打算用肉汁代替出汁，譬如絞碎的豬肉，或把吃剩的魚肉拆開，都可拿來利用。

先把油倒進中華鍋（可用豬油，但我用的是沙拉油），待油燒熱後，以猛火快炒碎肉數秒，然後把牛蒡、胡蘿蔔一口氣倒進去，跟肉末一起翻炒，所以，一開始往鍋中倒油時，最好多倒一點。

緊接著，撒些砂糖，澆些日本酒，按順序加入少許食鹽、食醋、淡味醬油。調味過程僅此而已。請大家的動作一定要快捷迅速。

如果動作不夠俐落，慢手慢腳耽誤了時間，牛蒡的嚼勁和香氣就跑掉了，費了好大工夫才做出來的金平牛蒡也就不好吃了。

料理快要起鍋前，澆上幾滴高級麻油，再撒些白胡椒粉和切碎的芝麻，這道菜就大功告成。

順便再介紹一下我做這道菜的習慣。我總是把辣椒的種子剝掉，切成碎粒，跟牛蒡和胡蘿蔔一起翻炒，藉此增添幾分辛辣的味道。

煎牛排

時序已近深秋。最近總聽到有人批評我們檀流料理教室，說整天只會做些金平牛蒡、白煮秋葵之類的小菜。聽到這些評語，實在令人遺憾，我決定為大家做一盤滴著鮮血的煎牛排。所謂滴著鮮血，其實是指牛肉煎烤的程度。我們到餐廳去吃牛排時，侍者會問我們要吃一分熟（Rare），五分熟（Medium），或是全熟（Well-done），如果您指定要「一分熟」，那端到面前來的，就是滴著鮮血的牛肉。

吃牛排最重要的一件事，就是選牛肉的部位，大家應該根據自己的體質和喜好，為自己選擇最適合的牛排。

譬如中年人，最好選擇脂肪少，肉質軟的牛里肌，這個部分的牛肉煎烤之後的名稱叫做「菲力牛排」。如果餐廳沒有牛里肌的話，也可以點牛後腿肉。年輕朋友到餐廳點牛排，最適合的是含有脂肪的牛後腰，這個部位烤好以後叫做「沙朗牛排」。喔，雖說肉質有點硬，但是跟腿肉一樣，富有嚼勁的部位，咬起來反而別具滋味，很受年輕人的歡迎呢。

總之，不論哪個部位，請大家根據自己的體質、喜好和錢包，各自買些適當的牛肉回來。請別忘了確認牛肉的狀態，現宰的牛肉還沒成熟，牛排做出來的味道不會很好。

請大家先細心包裹牛肉，放進冰箱冷藏一、兩天。我曾聽說南極附近的鯨魚也跟牛肉一樣，剛抓到的鯨魚，魚肉味道相當糟糕。像這種體積較大的肉塊，應該先放在零度上下的環境裡靜置一週至十天，讓肉塊自行熟成。但在熟成的過程中，肉塊表面接觸到空氣的部分，很容易變硬變乾，所以在做成料理之前，通常必須狠起心腸，把乾硬的部分削掉拋棄。如果把鯨魚肉換成讓人一飽口福的牛肉，誰也捨不得這麼浪費吧。所以我請大家把牛肉好好地包緊，盡量不要讓肉接觸到空氣。如果您買到的牛肉看起來太乾，可以泡在葡萄酒和沙拉油各半混成的液體裡，再切些洋蔥、胡蘿蔔、芹菜等一起放入。大約浸泡一、兩天即可。

觀察一、兩天之後，眼看牛肉差不多可以吃了（哎呀！其實心裡真的不想等那麼久），我們就把肉塊拿出來，放在砧板上。

首先，切開一片蒜瓣，把切開的斷面貼在牛肉上來回抹擦，再撒上少許食鹽和磨成粗粒的胡椒，像要把食鹽和胡椒摁進肉塊似的，用手在肉上來回摩擦，這個動作持續大約兩、三分鐘，一面摩擦一面靜待自己心臟的悸動恢復平靜吧。

找出平時用慣的平底鍋，倒些沙拉油，再放些奶油，兩者的分量大約相同，然後點燃爐火。或許大家心裡會想，放沙拉油就夠了吧？但希望煎出漂亮的焦黃，不放點奶油，就沒法達到目的。

煎牛排需用猛火。先把沾滿胡椒的那一面貼在平底鍋底。耳中傳來「吱」地一聲，我們就要開始煎牛排了。用筷子翻動一、兩次即可，過於頻繁地把牛肉推來推去，或反覆翻身，都不是值得贊許的事情。

事先把一個檸檬切成薄片，牛肉放進鍋中後，也丟進檸檬片。等到檸檬半熟，牛排也已煎成金黃色，這時，可把牛肉翻個身，再把檸檬片放在肉塊上面。

牛排翻身之後，爐火可以轉為中火，根據各人的喜好繼續加熱。不一會兒，我們的牛排就煎好了。裝盤時，請把剛下鍋時煎成焦黃的那一面向上，並把煎得半熟的檸檬和奶油放在焦黃的牛排表面，旁邊另外放些西洋菜，就可以開動啦。

牛排的配菜

吃牛排的時候，最適合放在滾燙的牛排旁邊的配菜，應該是鮮綠的西洋菜吧。指尖掐些西洋菜的葉尖，放進嘴裡嚼嚼看，嘴裡的動物脂肪好像都被西洋菜的綠葉洗淨，牛排本身擁有的醇厚風味，因而變得更為濃厚。

也有人在牛排盤裡放些炒得乾乾的洋蔥絲，或是奶油炒蘑菇。

有人會認為，只放這麼一點配菜，完全無法滿足晚餐需要的充實感嘛。好，這回我們就奢侈到底，再用馬鈴薯、胡蘿蔔做一份沙拉吧。

請把胡蘿蔔切成適當大小（我通常只切成小塊，如果能切成上下較尖，中間較粗的紡錘狀，當然更好），撒上胡椒粉，用葡萄酒加奶油燉煮，一直煮到湯汁收乾為止。

如果沒有葡萄酒，也可用清酒代替。您要問我清酒的分量，我可沒法回答。大概，澆下相當於胡蘿蔔分量兩倍的清酒，也就夠了吧。如果擔心鹹味不夠，可以等煮好之後再加鹽，因為奶油也含有鹽分，燉煮前不宜加入太多食鹽。

眼看鍋中的胡蘿蔔快要煮乾了，便可關火，靜待胡蘿蔔冷卻。

接下來該煮馬鈴薯了。先削皮，切成一公分厚的馬鈴薯片，放進水裡浸泡片刻。如果沒有經過浸泡的步驟，馬鈴薯一煮就爛，請切記一定要執行這道手續。

從水裡撈出馬鈴薯後，放進沸騰的鹽水裡燉煮片刻，最好是在即將煮爛的瞬間才撈出馬鈴薯，這樣沙拉拌好之後，味道才好吃。

煮好馬鈴薯，要先灑些酒（葡萄酒），接著淋些油醋汁[1]（也就是法國沙拉醬[2]），醬汁裡的醋能讓煮軟的馬鈴薯重新變硬，如果馬鈴薯煮得不夠爛，淋上含有食醋成分的醬汁後，馬鈴薯咬起來會顯得過硬，就不好吃了。

淋上油醋汁之後，立刻把馬鈴薯收進冰箱，冷藏片刻之後才拿出來，跟用葡萄酒煮過的胡蘿蔔混在一起，攪拌均勻。這道美味又充滿香氣的配菜就完成了。請大家都在家裡試著做做看吧。

說到這兒，我想起現在正是盛產松茸的季節。大家不妨順便買些失去鮮度的廉價松茸，跟胡蘿蔔和馬鈴薯一起放進盤裡。

最好選擇菇傘還沒張開的松茸，不需切開，只用刀在根部劃幾下，再把整支松茸放在鋁

---

1 油醋汁：法國料理當中最基本的沙拉醬，油與醋以三比一的比例混合，加入鹽與胡椒調味。有時也以檸檬汁代替醋。

2 法國沙拉醬：把砂糖和番茄醬加入油醋汁裡。這是美國人發明的沙拉醬，法國並沒有這種調料。

箔上，澆下一茶匙奶油、一茶匙葡萄酒、食鹽和胡椒少許，用鋁箔緊緊包裹著放在金屬網上蒸烤。烤熟之後，放在剛拌好的胡蘿蔔和馬鈴薯旁邊，看起來既豪華又奢侈，跟牛排簡直是天作之合。如果再墊一片生菜葉，上面放些高麗菜、芹菜、洋蔥切成的細絲，並且配上番茄，這道牛排配菜就稱得上是天下絕品了。

鹽魚汁鍋

適合吃火鍋的季節又快到了。

每當秋風初起，楓葉染紅時，全國各地居民都按照各地的習俗，品嘗各種各樣的火鍋。每到此時，我總是深切感受生在日本的幸福。

舉例來說，像河豚火鍋啦，涮鯛魚啦，海鮮壽喜燒啦，還有北海道的石狩鍋、九州的丁香魚火鍋、水戶的鮟鱇魚火鍋，這些火鍋都是味道十分鮮美的料理。

譬如最近這段日子，新潟明太魚火鍋將會越來越美味。不過我們今天還是先從鹽魚汁鍋開始介紹吧。

所謂的鹽魚汁鍋，是用秋田特製的鹽魚汁做成的火鍋，滋味極為香醇濃厚。

「鹽魚汁」這個名字，我想應該是從秋田方言「鹽汁」變化而來，簡單地說，這是一種用鹹魚醃製的醬油，主要採用雷魚當材料，製作過程是用食鹽醃魚使其發酵。

據說在秋田地方，每當遇到雷魚豐收的季節，家家戶戶都忙著把鹽撒在雷魚身上，發酵釀成鹽魚汁。鹽魚汁鍋使用特大扇貝的貝殼當火鍋，鍋中加水，倒入少許鹽魚汁，各人按照自己喜愛的鹹淡調味，再把各種魚肉、蔬菜加進鍋裡，一面烹煮，一面從鍋裡撈出各種食材品嘗。

真是令人回味無窮的一道料理。

記得很久以前，我曾在秋田的I旅館吃過一次鹽魚汁鍋，鍋裡裝著一對雷魚，一公一母，我從來都不知道雷魚和鹽魚汁鍋的味道竟會那麼可口。

只有當地居民對食材了解得那麼透徹，才可能做出那麼美味的料理。

鹽魚汁鍋裡的材料全都是隨手可得的簡樸食物，但這些材料配在一起，立即變成一道滋味豐厚又令人百吃不厭的火鍋，實在非常神奇！

而這裡提到的鹽魚汁，最近幾乎所有的百貨公司都能買到。

如果沒有這個鹽魚汁，我們就沒法做鹽魚汁鍋。但是用來裝食材的火鍋，倒不必非用扇貝的貝殼鍋不可。不論陶鍋或鋁鍋，都沒問題。

請先在鍋中裝入適量清水，墊入一片昆布，點火加熱。水快要煮沸時，倒入適量的鹽魚汁，可能的話，再倒一些清酒。湯汁的味道最好調得比平時喝的湯稍微鹹一點。

湯汁的調味弄妥了，鹽魚汁鍋就算做好了，接下來，只要把自己喜歡的魚類、蔬菜丟進去，再順序把燙熟的食材撈出來送進嘴裡即可。

鹽魚汁鍋裡比較適合放入哪些魚類呢？我想，雷魚應是首選。當然像鯛魚、石頭魚、金目鯛、鱈魚等，也都適合放進鹽魚汁鍋，而我更喜歡把雞內臟等丟進火鍋，開懷享受鹽魚汁鍋的滋味。

至於蔬菜方面，可以放些豆腐、蒟蒻絲、竹筍、白菜、茼蒿、三葉芹、大蔥、西洋菜、芋頭……等，總之，任何蔬菜都很適合，如果再放些削成細屑的牛蒡，火鍋的味道就更香了。

另外，如能在鍋中加入一些香菇、金針菇、舞茸等菇類的話，這道火鍋就再理想不過了。

把鍋中食物撈到小盤裡，沾些蘿蔔泥或擦碎的柚子皮，送進嘴裡，那味道會更加奢華而誘人。

涮鯛魚

上回介紹了秋田的鹽魚汁鍋，今天，我想跟大家一起做一道涮鯛魚。不過，這道涮鍋要用的鯛魚，價格實在貴得驚人，所以我們也可以改用別的魚類，譬如明太魚、石頭魚、金目鯛……只要能切成薄片的魚，都可以拿來做涮鍋。

總而言之，只有魚片涮鍋能讓魚肉和蔬菜直接產生交融，吃進嘴裡之後，那種暖意會從嘴角瀰漫到全身，甚至一直暖到心底。

深秋到初冬的這段時間，火鍋可說是最棒的料理。這時的蔬菜既新鮮又美味，蔬菜跟魚肉相互影響，彼此融合，在涮鍋裡變成渾然一體的美味。

用來吃火鍋的鍋子，還是以陶鍋最佳。

請在鍋中裝滿清水，先在鍋底墊一片昆布，然後點燃瓦斯爐。

吃涮魚片最重要的一件事，是事先備好各種佐料。現在就讓我們先來研究一下涮鍋的佐料吧。

首先，絕不可缺的一味佐料，是紅葉蘿蔔泥。製作這道佐料前，請先到市場選一根質地較細的蘿蔔，把皮削掉，在適當的位置切斷蘿蔔。並用筷子在蘿蔔的斷面中央挖個小洞。事先準備一根紅辣椒，挖掉種子，然後用剛才挖洞的筷子把辣椒戳進蘿蔔中央的小洞。請注意，辣椒如果太乾，戳進去的時候很容易弄破，最好先把辣椒放在熱鹽水裡浸泡片刻，讓辣椒變軟一點。

把紅辣椒插進蘿蔔斷面的小洞時，也用菜刀切掉辣椒多餘的部分，避免辣椒從洞口凸出。接下來，把蘿蔔的斷面緊貼磨泥板，像在畫圓形似的，小心謹慎地摩擦蘿蔔。請選用鋸齒較細的磨泥板。一面握著蘿蔔畫圓圈，一面就能看到色彩鮮豔美麗的紅葉蘿蔔泥磨出來了。

再說另一道佐料的蔥。使用大蔥或青蔥都可以，九州有一種香頭蔥很受當地人喜愛，不論吃涮河豚或涮鯛魚，如果沒有準備這個香頭蔥，好像就沒辦法涮鍋似的。

所謂的「香頭蔥」，原本是指用來當佐料的蔥，但九州人的「香頭蔥」，則是指一種跟小蔥很像的蔥類，香味特強，質地特細，九州人都很愛吃。

如果只能買到深谷[1]的大蔥，也不成問題。請像削皮似的把大蔥切成薄片，放入冷水浸泡片刻。

吃涮鍋之前，先把蔥和紅葉蘿蔔泥放在小盤裡，倒一些醬油與醋的調味汁。醋可用苦橙

1 深谷：日本埼玉縣的地名。

汁、柚子汁、檸檬汁代替。調好佐料之後，剩下要做的，只需等待魚片燙熟就行啦。

涮鍋用的魚片最好提前三、四十分鐘先撒些鹽醃一下，魚肉比較有嚼勁，味道也會更好。

任何蔬菜都可以一起涮著吃，譬如蒟蒻絲、豆腐、大蔥、白菜、三葉芹、茼蒿……除了這些蔬菜之外，如果還能加上香菇、各種菇類和竹筍的話，吃起來更是滋味無窮。當然，佐料當中最好還能再加一味磨碎的柚子皮。

切蒲英鍋

時序已近深秋，秋意更濃了，就讓我們花點工夫，親手烤些「切蒲英」，放在火鍋裡品嘗一番。

切蒲英原是秋田農村的產物，當地居民用米漿做成類似魚板的食物，插在屋中的地火爐旁邊烤乾之後，就叫做切蒲英。喔，大家別擔心，只要我們願意，就算在東京的瓦斯爐上，我們也照樣能烤切蒲英，然後配上雞肉，就能做出一道切蒲英鍋。

事實上，從東北地方一直到北海道附近，每年的現在正是收穫舞茸的季節，或許有人認為，切蒲英鍋少了舞茸的話，美味的程度也會打折，但我們可沒辦法那麼講究，剛好現在也是東京金針菇上市的季節，我們今天就利用金針菇，做一道東京的切蒲英鍋來好好享受吧。

首先，我們得把最重要的切蒲英烤出來。用一升白米煮飯的話，必須混入十分之一的糯米，也就是一合糯米。換句話說，粳米與糯米之比是九比一。如果用五合白米煮飯，就必須混入五勺[2]糯米。如果可能的話，當然最好能用新米煮飯。

---

2 勺：一合的十分之一，約等於十八毫升。

米飯煮得硬一點，煮好之後，趁熱倒進研磨缽，拿起研磨棒，咚咚咚地搗杵米飯。這是一件單純的作業，最好哄著家裡的小孩來做才更有趣。但千萬不要讓小孩搗杵太久，免得把米飯都搗成年糕了。我們需要的是年糕和米粒各半的狀態。先把這搗了一半的年糕米糊像做魚板似的糊在杉木棒上。如果家裡沒有杉木棒，其他任何棒狀物都可拿來代用，竹棒、栗木棒……隨便撿幾根木棒回來也行。先把搗了一半的米糊裹在棒上，然後用鹽水沾溼抹布，再拿著木棒用力敲打抹布。這樣切蒲英的形狀才能做得好看。

好，接下來請找兩塊紅磚，放在瓦斯爐的兩側，再把裹了魚板狀米糊的木棒架在紅磚上，用遠火烘烤，待米糊烤乾，切蒲英就做好了。最好能在表面烤出漂亮的焦黃，而且從外到內，整根米糊都要烤熟，這樣才會好吃。

切蒲英完全冷卻之後，才把木棒抽出來，然後用菜刀切成小段，長度約五公分。如果菜刀切不動的話，也可用手扭斷。

接著，用雞骨熬煮一鍋出汁。請用陶鍋，味道調得比平時喝的菜湯濃厚一些。也就是說，多放點醬油、味醂、砂糖之類的調味料，做成一鍋比菜湯甜一點又鹹一點的出汁。

準備工作到此就算完成了。

接下來，請把雞腿肉切成適當大小，排列在大盤裡，另外再把牛蒡屑、蒟蒻絲、燒豆腐、白菜、西洋菜等都放進大盤，還有剛才說過的舞茸，不過反正東京也買不到舞茸，我們就用金針菇、香菇之類的其他菇類代替吧。畢竟得有一點秋季的氣氛嘛，還是準備一些菇類，讓大盤裡的火鍋材料看起來既美觀又漂亮。材料全都擺好之後，就可以把全家都召集到火鍋前面來了。

「好啦！來吃切蒲英鍋吧。」

陶鍋裡的出汁開始沸騰時，先把蒟蒻絲、燒豆腐和雞肉放進鍋中。然後依次放進其他蔬菜，最後要把金針菇放進去時，才丟進切蒲英。因為切蒲英很容易煮爛，最好留到火鍋快吃完的時候再下鍋。湯汁裡，雞肉的美味逐漸滲入切蒲英，真是一道令人回味無窮的秋季火鍋啊。

羅宋湯

我的俄國朋友做起羅宋湯可是非常大手筆。他們先把一個巨大的鋁製水桶放在廚房的土灶上，在那個鋁桶裡燉煮羅宋湯。

記得當時好像看到他們丟進整條牛腿，現在仔細想想，怎麼可能有牛腿那麼大的牛腱呢？

我要向大家介紹一道作法比較典雅，比較適合日本人口味的羅宋湯，但請大家先有心理準備，做羅宋湯絕對不可心急，俄國人做這道料理通常都要花費整整一天的時間。

首先，請大家各自準備甜菜。每年晚秋到初冬這段時期，蔬菜店門口經常可以看到甜菜。如果真的買不到，可以到百貨公司買。甜菜浸泡在醋裡可以保存很長的時間，所以大家只要看到甜菜，就可以買來做醋醃泡菜，就不必每次做羅宋湯時到處去找甜菜。

請先削掉甜菜皮，切片約一公分厚度，然後放進沸騰的鹽水稍煮片刻。煮到可用竹籤輕鬆穿過甜菜片時，撈出甜菜，放進保存用的玻璃瓶裡，然後將醋倒滿玻璃瓶就行了。甜菜在醋裡至少可以保存兩、三個月，整瓶醋都會被甜菜染成鮮紅色。羅宋湯的酸味、鮮味和色澤都是靠醋醃甜菜提供的，這瓶醃菜對羅宋湯來說非常重要。

接下來就讓我們正式進入主題。牛肉如果能買臀肉、腿肉或腹肉，當然最理想不過了，但這道料理反正要燉煮很長的時間，所以用牛腱肉也沒問題。

請準備五人份，大約五百公克左右。然後從早上開始，用小火慢慢燉煮這塊肉。如果能買到一些牛骨、豬骨，也可丟進鍋去一起燉煮。

為了讓湯汁更加鮮濃，請把胡蘿蔔切剩的葉梗、大蒜或大蔥發芽變綠的部位都一起丟進去。另外再丟一顆洋蔥、兩粒丁香。牛肉和蔬菜煮著煮著，會冒出很多褐色雜質，一看到湯裡漂起雜質，請立刻舀掉，一面舀一面補足水分。

如果從早上八點開始燉煮，到黃昏五點的時候，牛腱應該已經軟得要化掉了吧。若是撈出來切塊的話，肯定碎得不成形狀，所以只需把肉塊撈出來冷卻即可。

鍋中剩下的湯汁設法濾掉雜質，或舀出蔬菜殘渣，盡量讓湯汁變得清澄。撒一小撮粗砂糖，澆入少許葡萄酒或清酒，撒下適量的食鹽調整湯汁的味道。

接著，把月桂葉兩片、芹菜心少許，鼠尾草等香料捆成一束，丟進湯裡。俄國人通常還把蒔蘿（一種俄國香料）的傘狀花序丟進湯裡。等到盛進湯盤時，又故意從花傘上撕一小片丟進每個湯盤裡。

我還要提醒大家一件事，羅宋湯的蔬菜要從難煮的材料開始往鍋裡扔，而且盡量切成大塊，譬如馬鈴薯，只要把皮削掉，整個丟進去就行了。洋蔥則切成厚片，番茄表面用火烤一下，把皮剝掉，隨意切成大塊，入鍋一起燉煮。羅宋湯的色澤主要是靠番茄和甜菜調節，只要煮成像楓葉那樣有點發紅就夠了。燉煮之前，再撒一把白米下去，這是為了增加少許黏稠度，並增添幾分白米的香味。

胡蘿蔔片留到最後才丟進鍋裡。再一片一片剝下高麗菜葉，用手撕碎扔進去。牛肉冷卻之後，也切成圓筒形小段放進鍋中。

現在這種季節如果買不到蘑菇，可以改用蟹味菇或金針菇，把這些菇類全都放進湯裡，燉煮一段時間，羅宋湯就完成了。最後再撒些滾水燙過的培根，味道更為鮮美。

我們把羅宋湯裝進較深的湯盤裡，上面澆些酸奶油。如果買不到酸奶油，就買些鮮奶油，加些檸檬酸進去攪拌一下，自然就會變成固體的酸奶油。

番紅花飯

盛夏時，我們曾用番紅花做過咖哩飯，大家對番紅花已經很熟悉了吧。

番紅花是一種氣味強烈的黃色香料，是採集番紅花的花蕊中心製成，價格也非常昂貴。番紅花是高貴的藥材，不僅具有活血功效，能夠幫助胃腸活動，還具有鎮定心悸的功效。就算只買很少量，大概也得花費三、四百圓。百貨公司的香料專櫃都可以買到，沒有的話，請大家到藥店去買。

是的，做一道五、六人份的番紅花飯，大概需要兩百圓左右的番紅花吧。請把那昂貴的番紅花小心地弄碎，可以用菜刀切，也可用銳利的剪刀剪成碎粒放在紙上。

請把弄碎的番紅花裝進杯裡，倒些熱水。不一會兒，杯裡的熱水就被番紅花染成黃色，看起來跟鬱金的顏色很像。

番紅花繼續讓它泡在水裡，我們先洗米煮飯，大約洗三杯米吧。

米清洗乾淨後，倒進大量沸騰的滾水煮四、五分鐘，再用笊籬濾乾水分。

大型中華鍋或平底鍋裡加入奶油或沙拉油，細心翻炒剛才水煮四、五分鐘的米粒。

米粒下鍋之前，先翻炒一些洋蔥粒。撒下少許食鹽、味精，再把番紅花泡成的熱水倒進鍋裡，一直翻炒到整鍋米粒都變成黃色。

另外要請大家事先準備一條豬背脂，大約一百公克。可以先到肉店預訂，價格最貴也不過四、五十圓一百公克吧。

同時還需要一顆高麗菜，買回來之後，把菜葉一片一片剝下來，放在熱水裡燙一下，使菜葉變軟。

好！還要請各位準備一個附帶鍋蓋的大鍋，越大越好。

如果找不到大鍋，也可改用大型中華鍋或平底鍋，只要鍋蓋能夠緊緊蓋住的鍋子就行。

先把豬油切成小塊，緊密地鋪滿鍋底，再把剛燙好的高麗菜葉鋪在豬油上。整個高麗菜的菜葉全都鋪上去，然後把炒過番紅花的米粒倒在菜葉中央。

換句話說，鍋底鋪一層豬油，上面覆蓋一層高麗菜葉，面積大約占鍋底面積的十分之八，最後再把番紅花米粒倒在菜葉上。

米粒下鍋後，把鍋蓋嚴嚴實實蓋緊，點燃小火，開始蒸煮，火力調到最弱，以免鍋中材料燒焦。等到鍋底的豬油融化，高麗菜的水分全部蒸發，我們的番紅花飯也就蒸熟了。

用時間來表示的話，究竟要蒸多久呢？這個問題好像跟火力和鍋底的厚度都有關聯。整體來說，大概需要蒸煮三十分鐘吧。

關火之後，讓鍋中材料繼續燜蒸片刻。

喜歡吃蘑菇的話，可以先用檸檬水洗淨蘑菇，然後在關火前十分鐘，把蘑菇倒進番紅花飯裡攪拌均勻。倒入蘑菇時，同時也在各個角落撒下幾塊奶油一起攪拌。

等到番紅花飯蒸煮得差不多了，便裝進豪華的西餐大盤。分食前，一面攪拌盤中的飯粒，一面分裝在小盤裡享用。

雞翅料理

牛肉、豬肉的價格都在飆漲，貴得令人不敢相信，只有雞肉像要拯救我們似的，還維持著低廉的價格。

特別是雞翅，一百公克大概只要三十圓或三十五圓吧。據說楊貴妃最愛吃的雞翅，這東西竟然如此便宜，怎不教人感到心情愉快？

所以說，我今天想跟大家一起研究雞翅的作法，讓我們都來一起吃雞翅吧。

先介紹一種最簡便最迅速的作法。把雞翅放進醬油與清酒各半混成的醬汁，浸泡五分或十分之後，放在火上炙烤。

我通常是把紅磚放在瓦斯爐兩側，上面架一片鐵絲網，再把雞翅放在網上烤熟。如果鐵絲網下面加一塊烤魚的鐵板，遮住火焰，讓雞翅受熱慢烤，烤出來的味道會更好。

這種簡便的鐵網烤雞翅非常好吃，但大家或許還想嘗嘗西洋風味的雞翅，沒問題，我再介紹一道西洋雞翅的作法吧。

先在雞翅上撒些胡椒、鹽，讓雞翅入味。大約等待五到十分鐘。

請準備一個能夠蓋緊的鍋子，雞翅放進鍋中，注入清水少許。大約能淹過雞翅一半就夠了。也就是說，如果雞翅堆起來的高度有十公分，水量就裝到五公分的位置。

壓碎大蒜一瓣放進鍋裡，另外還可以放些切剩不用的胡蘿蔔、洋蔥等，分量不拘。

再把譬如月桂葉、丁香、百里香、香艾菊等香料捆成一束放進鍋裡，如能找到這麼多香料，就算很不錯了。沒有的話，只放一片月桂葉也沒問題。

鍋裡放入一茶匙奶油，可能的話，稍微奢侈一點，再倒些葡萄酒或清酒。接著點燃爐火，用小火煎煮雞翅，直到鍋中汁液全部收乾。請注意不要把雞翅煎焦了。

煎煮的時間大約三、四十分鐘。如果雞翅很快就煎成焦黃，那表示火力太強，或是水量不夠，可以在鍋中加入清水少許。

等鍋中的水分逐漸收乾，雞翅就煎好了。盤裡可以配上一些沙拉，趁熱抓起雞翅，大啃大嚼，盡情享用。

最後，我們再用雞翅做一道中華風味的前菜吧。

做這道料理的同時，除了美味的雞翅前菜之外，還能煮出一鍋中華風味的雞湯，既可用來煮拉麵，又可放在蛋汁裡炒菠菜，真可算是一舉兩得。

先把雞翅放在水裡，小火慢煮約四十分鐘。大家可按照各人的喜好加入壓碎的大蒜、切剩的大蔥綠葉或胡蘿蔔。燉煮約四、五十分鐘之後，用漏勺輕輕地撈出雞翅，濾乾，冷卻。

如果還沒完全冷卻就進行後面的步驟，雞翅就很可能煮得變形。

待雞翅完全冷卻後，在中華鍋裡澆下三大匙的油，猛火燒油，等到鍋中冒出白煙時，一鼓作氣地把雞翅倒進鍋中，邊攪邊炒，把雞翅的表面炒成焦黃。

這時，請澆些醬油和清酒，但是要從鍋邊流進鍋裡，讓雞翅沾上調料，炒成較深的顏色。如果有五香粉，可以撒下少許，沒有的話，只撒些胡椒粉也很不錯。

最後起鍋前，滴下些許麻油，只要能有一點麻油的香味即可。

肉燥

已經是很久以前的事了。有一次，我正在熱海的工作室寫稿，邱永漢先生突然跑來給我打氣。眾所周知，邱先生是有名的美食家，那段日子，我每天早晚兩餐都吃得很單調，一看到邱先生，我就跟他說：

「你教我做一道最簡單的台灣料理吧。那種完全不花工夫的料理，教我一下吧。」

但因為是出門在外，手邊僅有的工具就是一個深鍋。邱先生望著我帶去的鍋盤，來回打量了半天。

「好吧！那就來做吧。」

最後他終於答應了我的要求。

於是我們倆一起到鎮上去買菜。先買一塊大約三百公克的五花肉，然後買了兩、三把大蔥。接著，好像又買了香菇和雞蛋。

邱君先把大蔥的根部摘掉，嘩啦嘩啦用水沖洗一番，也沒有切，就那樣長長的整根大蔥放進鍋裡，注入一些清水，再丟進整塊豬肉，倒入大量醬油，點燃瓦斯爐，或許還澆了一些喝剩的清酒吧。作法就這麼簡單，用小火慢煮了兩、三小時。燉煮的過程裡，邱君既沒查看，也沒攪拌鍋裡的東西。真的是一道簡單得不能再簡單的料理。不一會兒，邱君煮了三、四個水煮蛋，剝了殼丟進鍋裡，又把香菇也丟進去。

「等味道都進去，就算煮好了。」

鍋中又煮了片刻，我模仿邱先生，把鍋裡煮得快要融化的大蔥放在飯上，嘗了一口，真的非常好吃。五花肉煮得有點像簡易東坡肉。滷蛋和香菇的味道都特別好，簡單地說，這就是一道不費工夫的台灣關東煮。

我想譬如像蒟蒻、豆腐之類的材料，也可以放進去一起煮吧。如果一直點著火，不斷把大蔥添加進去，就算連煮一個月，大概整鍋食物也不會腐爛呢。

請大家都來試試這道不費事的台灣關東煮吧。或許有人會認為，這種料理太無聊了，根本不需要什麼技術嘛。好吧！那我再教大家做另一道菜，這也是台灣料理，名字叫做「肉燥」。

請大家先買五花肉的絞肉三百公克，請肉店幫您絞兩遍。然後同樣也是大蔥，請買三、四把。或許有些肉店會告訴您，五花肉會黏成一團，不能絞唷。請您好好說服店家，請他們幫您絞兩遍。

大量的大蔥買回來之後，就像平時用來當佐料那樣，把蔥切碎裝滿笊籬。中華鍋裡多倒一些沙拉油，把壓扁切碎的大蒜和生薑丟進去爆炒，接著再把整簍大蔥都倒進去，用小火慢慢地炒，非常細心地慢炒約一小時。

鍋裡的大蔥逐漸變成琥珀色，分量也越來越少，原本裝滿了整個笊籬，慢慢地變成只夠用手抓一把，而且變得軟呼呼、黏兮兮，好像快要化掉了似的，根本看不出原本大蔥的形狀了。這時，可以把絞肉放進鍋裡，咕嘟咕嘟地澆下大量醬油，讓絞肉全都浸泡在醬油裡，再澆下少許清酒，繼續慢火燉煮，一直煮到湯汁收乾。

做好的肉燥可以直接澆在飯上，也可以像炸醬麵的肉醬那樣使用，或直接澆一碗湯，就變成了速成的麵湯，甚至可以當作下酒菜，不論用在哪裡都很方便，而且不容易腐爛。如果不時加熱重新翻炒一下，應該可以保存一個月。

結束前，我再教大家做一道料理吧。請先準備豬絞肉三百公克。洋蔥三分之一顆，切碎，放進鍋中快炒片刻，加入絞肉，以猛火繼續翻炒。事先用杯子裝入醬油、清酒少許，一口氣將杯中的調味汁澆在肉上，盡量把絞肉搗散，不斷翻炒，一直炒到湯汁收乾，再撒些咖哩粉，攪拌至全部絞肉都沾到咖哩粉，就算完成了。這道菜也跟肉燥一樣，不論澆在米飯上，或當下酒菜，味道都很不錯。

洋蔥湯

每當我在法國各地小鎮的食堂喝洋蔥湯，心裡真的開心得不得了。就拿價格來說吧，一碗洋蔥湯大概也就是一百五十圓左右，但那洋蔥炒出來的口感，還有湯汁的香味、乳酪的黏膩……用湯勺舀起乳酪送進嘴裡時，幾縷細絲從乳酪上拉起，又長又細，簡直就像抓鳥用的樹膠。

其實有些食物，我覺得應該融入日本飲食，讓日本人更接受這些食物，洋蔥湯就是其中之一。

洋蔥湯做起來很方便，只要有洋蔥、乳酪和高湯，立刻就能做出來。對了，還有烤箱，就算只為了做洋蔥湯，我也想向大家極力推薦，烤箱該在日本推廣普及。

日本的烹飪道具當中，最不受重視的，應該就是烤箱。但是像烤箱這麼方便好用，又能把食物做得好吃，能做出各種各樣神奇菜肴的工具，為什麼日本人完全不放在眼裡？我實在很難理解。

洋蔥湯的作法，簡單歸納起來，就是把洋蔥慢炒一段時間，裝進碗裡，倒入高湯，再放些麵包和乳酪，然後把整碗湯放進烤箱去烤。作法就是這麼簡單。

或許大家聽了我這種簡單的說明，心裡還是半信半疑，那我就說得更詳細一點吧。首先，請大家找一個厚底的平底鍋或中華鍋，放進等量的奶油和沙拉油，耐心翻炒切成薄片的洋蔥，請用小火，花上一小時的工夫慢慢翻炒。請注意，洋蔥的分量大約每人需要一顆洋蔥，要做五人份的話，就得把五顆洋蔥切成薄片，耐心地慢慢翻炒。

洋蔥的顏色逐漸變成褐色，分量也越炒越少，大概會減少到原來的四分之一吧。顏色從透明逐漸變為淺褐，再變成深褐。到這個程度即可關火，把洋蔥裝進大碗，最好是烤箱專用的耐熱容器。碗裡倒些各家自認味道最好的高湯，如果嫌熬煮高湯太麻煩，也可以用湯塊沖一碗，反正吃的人是各位讀者，不論您要親手熬煮或使用湯塊，我都沒有意見。

但放在湯裡的麵包，希望大家選用比較上等的高級麵包。就算麵包已經變乾，或只是切剩的邊角，都沒關係，最好是像法國麵包那樣比較有韌性的麵包。

麵包的兩面都烤成金黃色，快烤好的時候，才把乳酪放在麵包上，利用麵包的餘熱蒸烤乳酪。如果有烤箱的話，請利用烤箱進行這個步驟。

麵包和乳酪烤好之後放進湯裡。

下面我想跟大家說明一下乳酪，大家平日使用的主要是加工乳酪，這種乳酪完全沒有黏性，所以我們的洋蔥湯必須使用鮮乳酪才行。

所謂的鮮乳酪，就是裡面會產生氣泡的乳酪，所有的加工乳酪或其他各種乳酪，都是用鮮乳酪做成的。

先用磨泥板把鮮乳酪擦成碎粒撒進湯裡。分量大約是洋蔥湯的五分之一。接下來，只要把大碗放進烤箱蒸烤即可。當然，也可根據各人的喜好放些大蒜或一束香料。這些材料最好在熬煮高湯時就先放進鍋裡，或者還可把洋蔥、大蒜切成薄片，用奶油和沙拉油慢炒，一直炒到幾乎焦黑，然後用手揉成細粉撒在湯裡，這樣不僅能夠增添洋蔥湯的色澤，也使湯汁顯得更為香濃。

星鰻蓋飯

星鰻絕不是什麼高級的魚。一百公克大概多少錢呢？這問題我從來不在意，以我家五、六人組成的家族來說，做一頓星鰻蓋飯，讓全家都吃得飽飽的，材料費大概也只要三、四百圓吧。

星鰻確實是一種價廉物美的魚類。

但要把星鰻弄得又軟又香又好吃，可不是一件容易的事，像我們這種門外漢，要想模仿壽司店那樣嚴格選料，精心烹製，大概是不可能的任務。

譬如神戶的星鰻壽司店「青辰」，一條一條地精挑細選，我們根本辦不到。

有些人甚至不管星鰻是冷凍的，還是從哪兒來的，一看到鮮魚店門口有星鰻，而且魚兒都有腦袋，就高興得雀躍不已。為了讓這類的外行人也能毫不出錯地做幾道入門的星鰻料理，今天我決定在這兒公開咱們檀流星鰻蓋飯的祕方。

剛才提到了星鰻的腦袋，大家到鮮魚店去買星鰻時，不管店家有沒有把魚剖開，總之，盡量買那種有頭的星鰻。

回家之後，先把魚頭和魚尾尖端切下來，再把魚身分成兩、三片，就像做蒲燒鰻魚時那樣。接下來，我們要把星鰻放在火上烤炙。就像前面介紹過的，先在瓦斯爐兩邊各放一塊紅磚，上面架一片鐵板，一面避開火焰，一面烤炙魚肉的效果最理想。

星鰻的腦袋和尾巴烤好之後，放進一個小型單柄鍋，倒些醬油、味醂、清酒，開始泡煮出汁。醬油、味醂和清酒的比例沒有規定，大家按照自己的喜好即可。如果希望料理做出來色澤更美，味道較甜的話，可以增加味醂的比例。如果希望料理吃起來比較爽口，可以減少味醂和清酒的比例。

鍋裡的湯汁逐漸變濃之後，找一把刷子，沾一點湯汁刷在星鰻身上，就像做蒲燒那樣，邊刷邊烤，烤出美麗的色澤。

另外準備一個大碗。

碗底鋪一些米飯，用刷子把米飯表面弄平，放上一、兩片烤好的星鰻，再鋪些米飯在魚片上，用刷子把飯弄平，接著再鋪兩、三片星鰻，並且繼續在魚片上蓋一層薄薄的米飯。

換句話說，就像做三明治那樣，在米飯之間夾入兩層烤星鰻。

鋪米飯的時候不能太用力壓，只用刷湯汁的刷子隨意輕按兩下即可，就像刷湯汁在米飯表面的那種感覺。

大碗的最上層鋪著米飯，所以看不到星鰻。

接下來，把大碗放進蒸籠蒸煮片刻。蒸煮時間過長的話，星鰻會被水蒸氣弄得軟綿綿的，所以，最重要的是控制時間。我想，大約蒸十分鐘吧，最多也不要超過十五分。

蒸好之後，可在大碗的米飯表面撒些蛋絲，也可按照各人的喜好，撒些海苔碎片。

我總是把星鰻頭熬煮的出汁再加些水，然後放進牛蒡屑，猛火快煮，收乾湯汁。煮好的牛蒡撒在蛋絲上，我很喜歡這種吃法。牛蒡的清香跟星鰻的魚香混在一起，味道真的太棒了。

味噌醃魚

最近這段日子，大家都盡情享受了涮鯛魚、涮鱈魚，還有雷魚的鹽魚汁鍋……但這些魚肉切片後剩下的部分要如何保存，卻讓人非常頭痛。

如果各位也碰到這種問題，請不要猶豫，把剩下的魚肉拿來做味噌醃魚吧。不，就算不是剩餘物資，只要在鮮魚店看到新鮮的日本馬頭魚或白鯧，都可用味噌醬醃起來，那種美味可真是天下無敵啊。

味噌醃製品是日本人喜愛的食品，也是跟我們關係最密切的美食之一，我們今天就用鹽分較少的一夜漬味噌醬來醃些食物，享受一下不太鹹的味噌醃製品的美味。

通常我們製作味噌醃製品，都把味噌醬料調得很鹹，再放些生薑、蘿蔔、茄子或黃瓜之類的蔬菜進去醃漬。這幾種蔬菜因此還被叫做「味噌之友」。但是今天我們要改變一下口味，做一道速成的味噌醃魚，只把魚肉放進味噌醬裡醃上一晚，至多兩晚，既可用來做味噌湯，也可做成烤魚，或者拿來當下酒菜。

假設您今天在鮮魚店看到了白鯧，我想每條大概一百五十圓吧。如果要做味噌醃魚給全家四、五人享用，就買下一整條吧。請店家只把魚肚挖掉，然後整條帶回家。

回家之後，好好清洗一番，按照全家的人數把魚切成數片。

如果買的是白鯧，不必把魚肉從魚骨上片下來，直接把刀刃跟魚骨呈垂直方向，斜切數刀，分成數塊即可。

切成數片後，再用菜刀在堅硬的魚皮上劃幾刀，刀口的深度不要切斷骨頭。這是為了讓鹽分和味噌容易入味。

魚塊上薄薄地撒一層鹽，把魚放進笊籬裡，靜置三、四小時。魚塊也可放在盤裡或大碗裡，但魚肉裡的水分被鹽分醃出來，留在容器裡容易增加黏性或發臭，盡量把魚塊放進笊籬比較好。

再說味噌醃漬品的醬料。選擇大家平時用慣的味噌醬，把清酒、味醂倒進去，攪拌成濃稠的醬汁，這種狀態比較容易抹在魚塊上，也比較容易入味，更可減輕味噌的鹹度。

三、四小時之後，我們把用鹽醃過的魚塊放進味噌醬料裡。讓魚肉全都沾到醬料，如果在前一晚醃上的話，第二天早上正是味道最好的時候。

要注意的是，放在火上烤炙之前，必須把味噌醬料細心地擦掉，因為沾了味噌的部分很容易烤成一片焦黑。大家可根據各自的情況用抹布擦掉醬料，但另一方面，魚肉表面沾了味噌、清酒或味醂等調料，卻比較容易烤出漂亮的焦黃，而且味道也更加鮮美。

端上餐桌之前，再放一片山椒葉，或幾根切絲的柚子皮，更能凸顯味噌醃魚的香氣。

蛤蜊巧達湯

美利堅合眾國有很多樸素、便捷又美味的料理。譬如今天要介紹的蛤蜊巧達湯，就是美國簡樸的美食傑作之一。

還記得那個吹著寒冷北風的日子，我在紐約中央車站地下街喝到的蛤蜊巧達湯，那種溫暖的感覺，直到今天仍然難以忘懷。

所以現在天氣變冷之後，我幾乎每週都要做一次蛤蜊巧達湯，而且在我這個老爸做過的眾多料理當中，孩子們似乎也最喜歡這道蛤蜊巧達湯。

大家如果在鮮魚店看到小一點的文蛤，請下個決心，一口氣買兩盤回來。沒有文蛤的話，花蛤也可以。不，乾脆還是去買兩盤花蛤來吧。

先在鍋中放三杯水，點火燃燒，等到鍋中沸騰起來，把花蛤全部倒進去，貝殼都張開嘴了立刻關火。這道手續請不要弄錯，因為貝類不可煮得過久。等到鍋中的貝殼冷卻一點，可以用手抓起來的時候，請把花蛤肉挖出來。當然，花蛤的殼請丟到鍋子外面去。

花蛤肉留在湯汁裡，找一個有洞的鐵勺或類似的道具，一面攪動湯汁，讓花蛤肉裡的沙子都沉到鍋底，一面撈出蛤肉放進盤裡。也可以根據各位的喜好，把蛤肉切成碎粒。

另外準備一個平底鍋或煮湯用的單柄鍋，放進切碎的培根或切碎的豬油翻炒。培根的分量約三、四片，先用熱水燙一下，洗掉鹽分。翻炒培根或豬油的同時，也放些切碎的洋蔥和荷蘭芹，用奶油或沙拉油把上述材料翻炒成金黃色。（翻炒時，再加些番茄碎粒一起炒也可以。番茄先把皮剝掉，切成碎粒。）洋蔥的分量視花蛤分量而定，如果是兩盤花蛤，大約半顆中型洋蔥就夠了。上述材料炒成金黃色之後，加入兩大匙麵粉，繼續翻炒片刻。

炒好之後，我們一面把花蛤湯倒進鍋裡，一面細心地用湯汁溶化麵粉，這時請注意，不要把鍋底的沙子和雜質一起倒進去。

準備兩、三個馬鈴薯，削皮，切成小方塊，放進沸騰的鹽水裡，水煮四、五分鐘之後倒在笊籬裡。花蛤湯倒進鍋裡，將培根（或豬背脂）、洋蔥、荷蘭芹和麵粉等材料沖調成白色麵糊，然後舀出麵糊放進湯鍋（如果一開始就用湯鍋翻炒上述材料的話，當然就不必換鍋子），接著把整盒牛奶倒進去，一面用小火熬煮，一面小心攪拌。

請繼續添加牛奶，不斷攪拌，直到鍋裡的湯汁變成黏稠的濃湯，才撒些食鹽調味。剛才翻炒時沒放番茄的人，現在請澆入一些純番茄醬，只需要有點番茄的氣味與微酸，就夠了。

也可根據各人的喜好，放幾片百里香的葉子或撒些百里香粉末，再把切成薄片的芹菜、切成小塊的馬鈴薯統統放進湯裡，待濃湯沸騰起來時，倒進花蛤肉，這道菜就完成了。

美國人喝這道湯之前，先放幾片捏碎的蘇打餅乾，讓巧達湯顯得更為濃厚。我在日本也有樣學樣放過一次。但放了蘇打餅乾之後，濃湯變得很油，根本沒辦法喝。

因為我們煮湯時已用奶油翻炒過麵粉了，只要撒些配乳酪的脆餅就夠了。

優酪乳

你這檀流料理教室，好像做了很多下酒菜嘛。我聽到很多人都這麼說。所以，今天我想以美容和健康為題，教大家做一種飲料。

雖說是製作美容健康飲料，倒也不是多偉大的壯舉，我只是想提議大家自己動手做優酪乳罷了。

優酪乳究竟對身體多好？我手邊並沒有任何科學或醫學的證據，我只知道，喝下自己做的優酪乳，至少對排便相當有幫助。

我倒是不會認為，喝了親手用牛奶做出來的優酪乳之後，會有立刻看到菩薩顯靈的效果，但如果做得很愉快，喝起來又很美味，持續喝上一段日子之後，突然覺得自己的胃腸變好了，這不是天下最幸福的事情嗎？

其實優酪乳的作法真的非常簡單。

每天早上送到家門口的牛奶瓶裡，放進兩、三粒米麴。舀三分之一茶匙的表飛鳴（乳酸菌粉劑）粉末倒進去，還有朝日啤酒酵母錠「艾比奧思」（乾燥的啤酒酵母粉劑），也舀三分之一茶匙，放進牛奶裡。

這三樣東西放進牛奶之後，用筷子好好攪拌一下。大約放置一天一夜，牛奶開始逐漸凝固，自家製造的優酪乳就做好了。

當然，冬天和夏天的製成速度是不一樣的。夏天比較容易混入雜菌，可能會做出味道不好的優酪乳。春、秋、冬這三季，牛奶變成優酪乳的時間雖然比較長，但肯定會變成非常美味的優酪乳。

對了，如果把瓶子密封起來，牛奶就比較不容易變成優酪乳，所以大家只需在瓶口蓋上一塊絨布，防止灰塵落進瓶裡。

反正從瓶外可以看清瓶裡的情形，優酪乳的變化都能隨時掌握。只要發現牛奶開始凝固了，就把瓶子放進冰箱，冷藏一段時間之後的優酪乳，好像味道更可口。

瓶裡的牛奶變成優酪乳之後，即使出現固體跟液體分離的現象，也不必大驚小怪，只要好好攪拌均勻，味道仍然很鮮美。

如果希望更好喝一點，可以加入少許蜂蜜，放進果汁機裡攪拌一下，當場就能做出一份質地均勻的優酪乳。

不是我老王賣瓜，但自己做的優酪乳跟外面買的比起來，真不知好吃多少倍呢，而且製作過程也非常有趣。

今天介紹的作法，可不是我的發明，不瞞大家說，這是我上大學的時候，教我們德語的佐藤通次教授傳授的祕方。

佐藤老師沒打算申請專利，他只希望這個配方能夠廣泛流傳，大家都來喝優酪乳。所以我也請大家都試著親手做點優酪乳，就當作是自己動手做實驗，既愉快又有趣，而且對美容和健康又有益，大家何不趁這機會喝點美味的優酪乳？

鹿尾菜與納豆汁

每到滑菇盛產的季節，喝一碗滑菇納豆汁，真令人感到無比幸福。像納豆汁、鹿尾菜之類的料理，真可說是日本飲食文化發展的極致。首先向各位說明一下，寫這篇文章時，我正在葡萄牙里斯本市一家名叫「外交官」的大飯店裡。說來真不好意思，我剛剛才從里斯本歷史最悠久的老街阿爾法瑪回來，並且在那兒享受了一頓大雜燴燉煮料理，雜燴的材料包括豬耳朵、雞爪、排骨等。

飽餐之後，突然反射性地想起這次旅遊出發前拍好的照片，所以就想到了鹿尾菜和納豆汁。

用鹿尾菜做料理的時候，如果使用乾貨，請先放在水裡發泡約兩、三小時。浸泡時間過長的話，不僅色澤變壞，嚼勁也會消失。請大家發泡處理時，隨時記住鹿尾菜的黑亮色澤和爽脆口感。

至於跟鹿尾菜混在一起的配料，胡蘿蔔絲能給整體增添些許紅豔，使菜肴顯得美麗，除了胡蘿蔔絲之外，其他任何材料都可拿來當配料。譬如油炸豆腐皮、昨晚吃剩的煮魚、做菜切剩的豬肉……等。

烹製時最好採用中華鍋。不論用豬油或沙拉油翻炒都可以，先用猛火翻炒鹿尾菜，然後放進胡蘿蔔、切絲的油炸豆腐皮……等。接下來再加些砂糖、味醂。鹿尾菜的調味似乎濃一點才好吃，請大家多放點砂糖和味醂。最後才加入醬油。

等醬油煮到收乾，這道菜就完成了。我的習慣是在最後再撒些山椒粉或胡椒粉，不過最重要的，還是在關火前，澆一些上等麻油，因為芝麻的香味能夠掩蓋海藻的腥味。

現在這段時期，正是日本的山中盛產滑菇的季節。一想到那一粒粒軟呼呼的滑菇，在我嘴裡唏哩呼嚕地黏成一團，那種口感……真的，滑菇可說是最引人懷念日本風情的食物了。就算沒有菜肴可供下飯，只要能有一碗滑菇汁，那就是至高無上的幸福。

納豆汁裡的滑菇，那種濃稠黏膩的感覺！我特別喜歡把它一口喝進嘴裡。

滑菇熬煮過久，味道就變得很糟糕，同樣的，納豆汁如果煮滾了，也就變成毫不稀奇的吳汁[1]。所以加了滑菇的納豆汁一定要在鍋中剛沸騰時，就立即關火，而且要現煮現喝。

1 吳汁：日本傳統的鄉土料理。大豆浸泡變軟，搗成醬狀，叫做「吳」，味噌湯裡加入「吳」，就叫做「吳汁」。

只要稍有延誤，納豆和滑菇都會變成無法入口。

製作這道料理時，請先細心泡煮出汁，做一鍋味噌湯，把豆腐輕輕放進湯裡，湯汁快要沸騰時，加入滑菇，最後才把研磨缽磨碎的納豆倒進湯裡。

眼看鍋中的湯汁就要沸騰起來時，立刻關火。這道料理應該就能做得成功。

納豆原本應該放在研磨缽裡，加一點出汁，用研磨棒磨碎，但我覺得這道手續太麻煩，所以通常都是用果汁機打碎納豆。

芥末蓮藕（年菜料理1）

從今天起，我們將連續介紹幾道年菜的作法。

雖說是年菜，只不過是檀流教室自己隨便亂做的年菜，完全不照規矩來，也完全不管什麼風俗禮節。但只要做出這幾道料理，也就等於有了年菜，客人來了，切一切就能端上桌，當場變成一道下酒菜。

今天的第一道年菜，我想教大家做芥末蓮藕。這是一道熊本地方的鄉土料理。熊本方言有個名詞叫做「老頑固」，是形容熊本人的性格頑強、古板、缺少變通性，同時也指具有上述特質的熊本男人。而這些「老頑固」特別愛吃的食物，就是這個芥末蓮藕。

簡單地說，這道菜的作法就是把充滿芥末辣味的味噌醬填進蓮藕的洞裡。然後像炸天婦羅那樣，把蓮藕拿去油炸。吃的時候切成小塊，端上餐桌即可。

蓮藕最好不要太大，中型或細長的紡錘形比較容易處理。

先把蓮藕放進滾水，水煮五分鐘左右，水裡加入少許鹽與醋，注意不要煮得太久，盡量保留蓮藕原有的爽脆口感。

煮得半熟的蓮藕從藕節部分切斷，因為我們需要打通蓮藕的洞，讓它像隧道似的貫穿兩個斷面。

事先準備一些味噌醬，裡面加入大量芥末粉。不需用水稀釋，直接把芥末粉倒進味噌醬裡即可。盡可能準備多一點味噌醬。也可按照各人的口味加入適量砂糖。

另外準備一些豆渣，分量大約相當於味噌醬的一半。豆渣先放進平底鍋裡煎炒片刻，然後倒進剛才加入芥末粉的味噌醬裡攪勻。

加入豆渣之後，味噌醬的鹹味變得比較柔和，也比較容易塞進數量眾多的蓮藕洞裡，請大家絕對不要忘了這道手續。

把這芥末味噌醬塞進藕洞，是一件非常開心的工作。大家一起猜猜看，我們要怎麼做？用擠奶油的道具擠進去嗎？

不，不是的。請把味噌醬堆在砧板上，堆成一座味噌小山，然後垂直抓緊蓮藕，咚咚咚地連續向下敲擊味噌山頂。這時芥末味噌醬立刻從蓮藕下方鑽進洞口，眨眼工夫，又從上方洞口噴了出來。

蓮藕洞裡塞滿芥末味噌醬之後，請裝進笊籬或適當容器放置一晚，靜待芥末味噌醬的狀態漸趨穩定。因為味噌裡可能會有水分溢出，蓮藕表面過於溼滑的話，天婦羅的麵糊比較不容易裹住。所以最好放置一晚或一天一夜，讓蓮藕和芥末味噌醬稍微再乾一點，彼此更緊密更穩定地黏結在一起。

接下來我們要調製天婦羅的麵糊了。據說熊本地方不用麵粉，而是用豆粉製作麵糊。我在東京做這道料理時，通常是把等量的青豆粉[1]和麵粉混在一起，再加入浸泡過少量番紅花的熱水，這樣蓮藕炸出來之後的色澤才會好看，氣味也會更香。

裹麵糊和下鍋油炸等過程，兩手很容易弄得黏黏的，而且裹在蓮藕表面的麵糊也容易變形，所以裹完麵糊後，插幾根竹籤在蓮藕上，操作起來比較方便。

芥末蓮藕炸成美麗的金黃色，這道料理就完成了。冷卻後，隨時都可切成小塊端上餐桌。

---

1 青豆粉：即綠色的大豆磨成的豆粉。「青豆」是指綠色的大豆。

鹽漬牛舌（年菜料理2）

從前的年菜很少使用牛肉或豬肉當材料，但現在日本人的飲食習慣已經改變了很多。我家的年菜裡，一定會有一、兩樣牛肉或豬肉烹製的耐存料理，以備年輕客人來訪時招待他們。

當然像火腿、香腸之類的食品，都可以買現成的，但像年菜這種一年只吃一次的食物，還是自己親手做幾道美味佳肴，跟親朋好友一起享用吧。

所以我想介紹一下鹽漬牛舌的作法，希望大家不要把事情想得太複雜，只要想成是為了不讓牛舌腐爛，所以把它鹽醃起來而已。這裡介紹的作法，只想讓大家了解怎樣能讓鹽漬牛舌的色澤更美，氣味更香，味道更好，更能經久耐存。

先說牛舌的「煙燻鹽漬液」吧。一聽到這個名詞，有些愛鑽牛角尖的主婦可能要吃驚地大叫了。哎呀！那需要準備幾片月桂葉？買不到百里香怎麼辦？其實我們的目的只是把牛舌醃起來，只想讓它的味道、色澤和氣味都能保持良好狀態。

好，請大家先去買一條牛舌回來吧。一條多少錢呢？價錢應該隨牛舌的大小而不同吧。

按照我粗略的估計，大概一條一千圓至一千兩百圓。請盡量挑選表皮沒被削掉的牛舌。

接下來，請準備醃漬牛舌的食鹽，普通的粗鹽即可。粗鹽是什麼？有人可能會問。請不要著急。粗鹽就是鹽。鹽！去買點普通的食鹽就行了。另外還要準備「硝石」。請到藥店去，跟店裡說要買「硝石」或「硝酸鉀」。這東西我們不能用太多，大約每一公斤食鹽裡，最多只能加進四十公克吧。

硝石能讓牛舌保持美麗的色澤，也是大家都知道的一種食品添加劑，雖然是衛生機關准許使用的添加劑，還是不要用太多比較好。

我們先用一茶匙左右的硝石摩擦牛舌表面。

接著把五百公克左右的食鹽撒在牛舌上。

找出一根螺絲起子或錐子，在沾滿硝石和食鹽的牛舌上耐心地戳它無數次。這是為了讓硝石和食鹽都能滲入牛舌的肉質裡。

千錐萬戳的牛舌放進醃漬容器裡，加入一片月桂葉，少許百里香，壓上一片內蓋，並用重物壓在蓋子上。這個步驟應該到此就結束了，但如果情況需要，我們還得煮一鍋水，水裡加入食鹽和硝石。這兩樣材料的比例，永遠都是硝石為食鹽的二十分之一，請大家切記。

除了硝石和食鹽，如果水裡再加些月桂葉、百里香、整粒胡椒等，香味應該就會更好。另外還可以加入一些粗砂糖。鍋中的溶液煮沸後，靜待冷卻。等到完全變冷之後，才倒在剛才處理過的牛舌上。

牛舌的醃漬步驟大致如上。夏季的話大約醃漬五、六天，像現在這個季節，大約醃漬一週至十天。盡量放在陰涼的地方，讓鹽分滲進牛舌。

等到時間差不多了，我們把牛舌拿出來，沖洗乾淨，加入大蒜、月桂葉、百里香、鼠尾草等香料，小火慢煮兩、三小時，一道色澤鮮豔的鹽漬牛舌就完成了。

等牛舌完全冷卻後，把表皮削掉，切成小塊，就是一道可以直接端上餐桌的前菜。或者也可用火燒烤一番，然後放進燉煮料理當中。

蘿蔔糕（年菜料理3）

每年到了新年，我都會收到邱永漢先生送來的「蘿蔔糕」。把蘿蔔糕切成薄片，放進平底鍋用油一煎，滋味真是太鮮美了。

這道料理做起來很簡便，既好吃，又適於保存，年底時做一點放在家裡，等於又增添一樣年菜。

蘿蔔糕是用上新粉[1]蒸熟的糕餅，也是一種廣東點心。

首先請大家去買三袋上新粉回來。普通包裝大約是每袋一六〇公克，三袋總共四八〇公克，如果可以秤重購買的話，請買五百公克。

另外需要準備的材料是蘿蔔。如果是普通大小的蘿蔔，大約需要五分之一顆，請先把皮削掉，再咚咚咚地切成長方形小片，倒進滾水煮熟。

等到蘿蔔完全煮軟後，用漏勺撈出，放進研磨缽，用研磨棒搗碎。全部搗碎後，把剛才

1 上新粉：粳米磨成的米粉。

煮蘿蔔剩下的湯汁倒進研磨缽，上新粉也全部倒進去，用手揉成麵團，麵團的硬度大約跟我們的耳垂相同。

湯汁不夠的話，也可補進一點熱水。

另外準備一些豬背油，分量大約跟蘿蔔相同。豬油切成小方塊，用熱水燙一下，倒進上新粉的麵團裡，揉和均勻，撒下少許食鹽與胡椒，並澆下一大匙上等麻油，重新揉勻。

把揉好的麵團裝進適當的大碗，放在火上蒸煮約一小時。蒸好的麵團就是蘿蔔糕。

但是剛出鍋的蘿蔔糕還不能吃。

必須等蘿蔔糕完全冷卻，切成比欠餅[2]稍厚的塊狀，放進平底鍋，油煎成兩面焦黃的狀態才能食用。

放在平底鍋煎炸時，既可用豬油，也可用天婦羅油、麻油、沙拉油、奶油，都可以。大家可以利用各種油類試驗一下。

蘿蔔糕的材料只有豬背油和蘿蔔，混入一絲鹽味和胡椒香，鍋中只需倒一點點麻油，就能把蘿蔔糕煎得又脆又黃。再沾一點混了辣椒油的醬油，既爽口又美味，怎麼吃都吃不厭。這是我最喜歡吃的一道料理。我曾試著改變口味，加入其他材料，各位也可以試試看，譬如加進一點香菇，或者花點時間，把蝦米、干貝好好發泡一番，然後把浸泡的汁液混進麵團。

還可混入一些「臘腸」。「臘腸」是一種中式香腸，各位可以買一點回來，斜切薄片，混入上新粉的麵團裡一起蒸煮，肯定變成一道非常豪華的糕點。

沒錯！只要大家能想到的材料，都可以放進去試試，譬如像白果啦，豬肉啦，不管放什麼進去，都能讓它變成一道高級料理。

2 欠餅：新年時用來裝飾的圓形年糕叫做「鏡餅」，新年過完後，鏡餅切成薄片，叫做「欠餅」。

博多締醃魚（年菜料理4）

有一種料理的俗名叫做「博多締醃魚」。這是什麼樣的料理呢？簡單地說，先將生魚片的魚肉放進鹽與醋裡醃漬，再將昆布跟魚肉層層相疊，並在最上面壓上重物。

經過一、兩天之後，昆布的黏膩與鮮味逐漸滲入魚肉，兩者的味道融為一體。這也是我最喜愛的料理之一，既可拿來下酒，也可以當作年菜。

或許大家以為，這道料理之所以叫做「博多締醃魚」，是因為在筑前[1]博多的當地人常吃這種鄉土特產，但事實並非如此。

其實是因為白色魚肉跟昆布層層重疊後，切開的斷面圖紋跟一種紡織品的花紋很像，這種紡織品叫做「獻上」，專門用來製作「博多締」[2]。

料理的作法非常簡單，不論是誰都會做，大家不妨偷偷記下這道私房菜，偶爾讓府上的老爺驚喜一下吧。更何況，這還是一道品味高雅的美味佳肴呢。

現在向大家說明材料。魚肉還是不帶特殊氣味的白色魚肉比較好。也就是說，像鯛魚、比目魚……之類魚類都很適用，或許鮑魚或蝦子也可以拿來利用，但我還沒試過這兩種材料。

昆布請不要節省，盡量挑選寬度較寬、黏性較強的成品。

至於魚肉方面，原本應該買一整條回來，自己動手剖魚，把各部位做成各種料理，才會覺得好吃，也比較經濟，更可藉機嘗試各種作法。但如果只是為了做博多締，那就買些生魚片的小塊魚肉就行了。

不知各位買回來的魚塊會有多厚，但如果太厚的話，請用銳利的菜刀把魚塊片成兩半。

先在這種用來做生魚片的魚肉兩面撒上食鹽。食鹽的分量呢，可以按照各人的口味，還有保存時間的長短來決定。

撒了食鹽的魚肉放在笊籬裡，靜置四、五小時。這是為了讓魚肉裡的水分盡量滲出。

四、五小時之後，繼續再用醋來醃漬魚肉。醋醃的時間大約三十分鐘就夠了。大家也可按照自己的口味在醋裡加些砂糖，但我比較不喜歡甜味。

把醃好的魚塊放在昆布上，魚塊上再蓋一片昆布，然後再把另一塊魚肉放在昆布上，像做三明治那樣反覆堆疊後，把成品夾在兩片砧板之間，並從上方壓下重物。

1 筑前：日本古代的封國，位於今天福岡縣西部。

2 博多締：指博多地方製造的「帶締」。「帶締」是和服腰帶的裝飾配件，具有固定及裝飾腰帶的功能。幾乎所有的帶締都是純手工編織品。

做好之後，味道最好的時間，應該是在第二天或第三天吧。

食用的方式有很多種，譬如連昆布一起切成細長的小片（有意地呈現出「獻上」紡織物的花紋），或把魚肉從昆布上剝下來，切成小薄片之後再吃。

我做這道料理時，一開始就先把魚肉切成小薄片，然後才撒鹽，浸醋，再把小薄片夾在昆布之間，所以我做的這道菜完全看不出「獻上」的花紋。

但我這種作法比較容易讓昆布的鮮味儘早滲入魚片。

醋漬蕪菁（年菜料理5）

大家一聽到醋漬蕪菁，可能有人就要罵我了：「什麼嘛，這種東西，誰都會做啦。」但在新年期間，大家連連舉杯痛飲，頓頓什錦年糕湯，吃得胸口發悶，胃口全無，這時，如果能吃到顏色雪白、清脆爽口的醋漬蕪菁，該多麼令人高興啊，但要把這道泡菜做得好吃，可不是那麼容易的事情。

大約在十天前，我來到了葡萄牙。這裡的朋友最喜歡我帶來的什麼禮物呢？就是這道浸在醋裡的醋漬蕪菁。

大家不但吃得高興，也很想知道作法。因為除了昆布之外，其他材料如蕪菁、胡蘿蔔、辣椒（葡萄牙文的辣椒叫做「霹靂霹靂」[1]），全都能在葡萄牙買得到。而這道泡菜只需把材料浸泡在鹽和醋裡，大家都覺得這種作法非常稀奇。

葡萄牙的蕪菁好像比較不容易入味，好在我們耐心等到第二天、第三天，蕪菁終於醃出

1 霹靂霹靂：日文形容「辣」的發音也是「霹靂霹靂」。

了極佳的口感與滋味，真令我感到欣慰。

閒話暫停，先說這道泡菜的作法吧。請把蕪菁皮削掉，切片，撒些食鹽，抓一下，鹽味滲入蕪菁，味道會變得特別好。

用鹽抓過的蕪菁放進大碗。為了讓顏色顯得鮮豔多彩，也切些胡蘿蔔片放進去吧。如能把胡蘿蔔片切成漂亮的花朵形狀，或許就更能增添新年的氣息。

另外找一個鍋子，調一鍋鹽水，加熱，等鍋中沸騰起來，按照各人的喜好，加入少許砂糖。最好不要把味道弄得太甜，以便隨時再進行調整。

接著，把醋倒進去，先倒一點點，嘗一嘗，看鹽、醋與甜味之間的比例是否均衡。味道調到滿意的程度後，把鍋中沸騰的湯汁一口氣倒在蕪菁和胡蘿蔔上面。湯汁需要多一點，要讓全部材料都浸泡在湯裡。

昆布切成細絲，撒在蕪菁和胡蘿蔔上。或者也可用剪刀剪成細絲，類似這種工作可讓孩子幫忙，剛好也是實地訓練孩子做菜與調味的機會。

細心挑除辣椒裡的種子，然後把辣椒切成小片，撒進醋漬蕪菁。乾得硬邦邦的辣椒很容易弄破，種子也很難挑出來，所以如果辣椒太乾的話，可在煮沸鹽醋汁液時，先把辣椒丟進去小煮片刻。但整根辣椒最好不要放在汁液裡煮太久，以免味道變得太辣。

等辣椒變軟了，立刻撈出來，剔除種子，切成薄片，撒在蕪菁上面。

最後從柚子上削些薄皮，只有三、四片也無妨，湯汁裡最好能加進幾片柚子皮。

有了這柚子皮，不僅更有香味，色彩的組合也更美麗。如果找不到柚子，也可削些檸檬皮代替。

大約過兩、三天之後，這道泡菜就可以吃了。

伊達卷（年菜料理6）

日本新年的年菜料理當中，如果少了黑豆和伊達卷，就完全沒有過年的氣氛了。只要看到年菜盒裡密密麻麻地排滿了伊達卷，心裡就能深刻體會：新年來啦！伊達卷不但顏色美麗，形狀也那麼漂亮。

但最近這些年，每到年底，到處都在大量販賣伊達卷，我真覺得世界上再也找不出比這種伊達卷更糟糕的食品，不論味道或內涵，都已墮落得不行。最令人不滿的是，味道太甜，其次是，顏色太黃，這種膚淺的伊達卷，只剩下形狀還跟從前一樣。

真心希望每個家庭的主婦，起碼也稍微花點心思，做幾條伊達卷來迎接新年吧。

關於伊達卷的材料，老實說，我也沒仔細研究過哪些魚肉比較適合拿來做伊達卷，但我想只要是適於製作魚板或黑輪的魚肉，都可以用來做伊達卷。

也就是說，像狗母魚、飛魚、石持魚[1]、魷魚……不，還是盡量找各種廉價又當令的魚類混在一起，說不定做起來更有意思吧。

總之，最重要的是，請大家不要畏懼，先動手做做看。

就拿我家來說吧，每年到了十二月底，就不知從哪兒送來許多魚。那種魚是石持魚的一種，在九州叫做「牢騷魚」，價格非常便宜，所以我家一向都習慣使用石持魚製作伊達卷。據說石持魚的腦袋裡有一根堅硬如石的骨頭，所以才被叫做石持魚，但這魚放在伊達卷裡烤熟後，吃起來既爽口又美味。

石持魚買回來之後，細心地把身體兩側的魚肉和魚骨片開。

魚骨和魚頭可用小火慢烤，烤熟後，跟昆布一起用小火慢煮，熬成出汁。

魚身兩側片下來的帶皮魚肉放在砧板上，魚皮向下，用魚刀的刀背不斷敲打魚肉。也就是說，先把魚肉敲鬆了，再從魚皮上削下來。

眼看魚肉已被敲得差不多了，才用魚刀斜著削下魚肉。

這道手續不知各位能否順利完成？

削下來的魚肉放在砧板上，繼續用刀背拍打敲擊，就像那些製作高級魚板的職人那樣，在砧板上不斷攪拌敲打魚肉。

魚肉全都敲碎攪拌均勻後，移到研磨缽裡，加入雞蛋。至於魚肉和雞蛋的比例，請自行斟酌後決定。

---

1 石持魚：即白口魚。

也可按照自己的口味加些砂糖進去。

研磨鉢裡的魚肉和蛋汁完全攪拌在一起之後，慢慢加入出汁，讓鉢裡的魚肉和蛋汁混合物變得更接近液體。所以剛才用石持魚的腦袋、魚骨和魚皮熬煮的出汁，一點都不會浪費，這時就可以派上用場了。

但如果利用柴魚屑和昆布熬煮的出汁來作這道料理，味道當然顯得更加高雅，別忘了在出汁裡澆些清酒，並且用食鹽和淡味醬油進行調味。

伊達卷的混合液調製完成後，倒進鍋裡，細心煎成厚厚的蛋捲，煎好的成品用乾淨的抹布捲起來，上面壓上重物，大約像盤子那樣的重量就夠了。要吃的時候，才從整條蛋捲上切下需要的分量。

德國醋燜牛肉（年菜料理7）

醋燜牛肉是一道德國家常菜。這道菜到底能不能算是年菜，我也不知道，反正這道味道酸酸的牛肉經過燒烤、燉煮等手續後，冷藏在冰箱裡，隨時拿出來切片裝盤，端上餐桌，就是一道速成的冷盤菜。如果跟火腿、鹽漬牛舌等現代風味的年菜料理一起端出來，保證深受年輕人的喜愛。

這道菜是一位德國女性教我的，我也照著她的方法練習過，但對於吃不慣酸肉的日本人來說，或許在調味方面會感覺有點困難。

先說牛肉的種類吧。如果使用里肌或後腿肉來做，當然顯得非常高級，但只用普通的腿肉也沒問題。請盡量挑選長方形的肉塊，這樣做好之後切片時比較方便。

先放一、兩片月桂葉在肉塊上，再放兩、三粒丁香、一粒大蒜，然後把整個洋蔥切成薄片，撒在牛肉上。接著，將等量的醋與水混合後，倒在牛肉上，醃汁的分量必須淹過整塊牛肉。

浸泡在醃汁的牛肉放進冰箱冷藏，前後大約靜置兩天。這兩天之間幫肉塊翻身一次。

經過兩個晝夜之後，把肉塊撈出來，用清潔抹布擦乾表面，再撒上大量食鹽和胡椒。

把平底鍋燒熱，放些奶油或人造奶油，動作俐落地煎烤肉塊，讓整塊牛肉表面都煎成焦褐色，看起來就像牛排煎得過久時那種感覺。

把肉塊從平底鍋移到大湯鍋裡，再把浸泡牛肉的醃汁也倒進去，小火慢煮約一小時半到兩小時，燉煮期間隨時注意湯汁的分量，永遠都保持湯汁滿鍋的狀態。

湯汁變少的話，加點水分補足，必須讓整塊牛肉一直浸泡在湯汁裡。

湯裡不斷冒出雜質和氣泡。請耐心地把雜質都舀出來。

肉塊燜煮到完全變軟，這道菜就算做好了。

煮好的牛肉放進冰箱冷藏，想吃的時候才拿出來，切片裝盤，端上餐桌。教我做這道菜的夏綠蒂小姐還告訴我，裝盤的肉片上面可以澆些白醬[1]或鮮奶油。

我自己做這道菜的時候，是把燜煮剩下的湯汁熬到即將收乾，然後加一點番茄汁。夏綠蒂小姐笑著稱讚我：這樣的味道更好吧！但我猜她只是客氣罷了。

我把肉片擺進大盤之後，還會在周圍撒些煮熟的胡蘿蔔、泡菜和馬鈴薯。

德國人很愛吃這道醋燜牛肉，我在德國也被人招待了好幾次，但日本人好像還不太了解個中滋味。

所以我把它當作年菜介紹給大家，希望各位按照自己的口味，研究一下調味，把它做成日本式醋燜牛肉。

1 白醬：法國料理的基本醬料之一，用奶油把麵粉炒成麵糊後，加入牛奶稀釋成濃稠的醬料。

清蒸鮑魚（年菜料理8）

一年一度的新年快到了。

今天讓我們豪華一下，做一道清蒸鮑魚如何？能夠買到活鮑魚的話，用那鮮活的鮑魚蒸煮一番，當然再理想不過，但就算只能買到冷凍鮑魚，只要用心烹製，也能做出一道非常美味的鮑魚年菜，請大家不要嫌費事，別的不說，最起碼新年的年菜，我們還是自己在家做吧。

為了讓各位更易了解，現在請假設大家手邊都有一個活鮑魚，我先來講解一下鮑魚的構造。

如果仔細觀察連殼的活鮑魚，大家應該會看到一端有個洞，看起來黑漆漆、髒兮兮的。肛門啦，那是肛門！我雖然聽到漁民都這麼說，但我也不確定那個洞到底是什麼。請用筷尖戳進那個又黑又髒的洞裡，連戳兩、三下。

這下鮑魚就被戳死了。

接下來，我們要把鮑魚肉從殼裡拉出來，但這可不是一件簡單的事情，因為貝肉的韌帶非常堅硬。

如果手邊有德國製的挖貝肉工具，當然就很方便，如果沒有的話，不論是菜刀或磨泥板的把手都行，反正都可以用來挖鮑魚肉。

動作盡量小心一點，不要把鮑魚的肝臟弄破了。

挖出來之後，把鮑魚肝單獨放在另一個盤子裡。抓一小撮粗鹽撒在鮑魚肉上，用刷子細心刷除鮑魚肉上的污漬，再把整塊鮑魚肉用水沖洗一淨。

夏季料理當中有一道常見的「水貝」，就是用這活鮑魚做的，鮑魚被刷乾淨之後，當場切成小方塊，泡進冰水，就可端上桌了。

但新年當然不能吃「水貝」這種冷冰冰的料理。所以我們今天要把牠用酒蒸熟，做成一道隨時都能切片上桌的佳肴。

如果各位買回來的是冷凍鮑魚，請讓牠在冰箱裡解凍，然後用鹽仔細刷洗一番，這樣牠就變成跟活鮑魚一樣的狀態了。

據說鮑魚之所以特別美味，主要是因為牠含有琥珀酸。記得以前是在五島的福江島吧，當地一位老婆婆把洗淨的鮑魚放進盛著冰水的大碗裡，然後拿起木槌敲打鮑魚，冰水很快就變成乳白色。

「這種鮑魚汁的味道最棒！」

老婆婆的說明真讓我大吃一驚。就算到了盛產鮑魚的地方，我也捨不得這樣吃鮑魚呀。

不論是活的還是冷凍的鮑魚，請用心刷洗乾淨，整塊放進大碗裡，上面放一片蒜瓣，一片生薑，蔥白切成跟鮑魚一樣的長短，放進一、兩根，撒上少許食鹽，淋上少許淡味醬油，再澆些清酒，把大碗放進蒸鍋，最好能耐心地連蒸三、四小時。

好不容易蒸煮完成後，靜待鮑魚冷卻，然後收進冰箱。端上新年的餐桌前，把鮑魚切成一片一片，細心地擺出菊花形狀。夾起一片放進嘴裡時，那味道真是令人回味無窮啊。

剛才裝在另一個盤裡的鮑魚肝，也可以同樣方式蒸熟，但一定要分裝在另外的盤裡。

冬季至春季

鯛魚茶泡飯

近來有很多料理都不容易吃到了，其中之一，就是鯛魚茶泡飯。

記得在我少年時代，從新年到春天賞櫻這段期間，博多附近的居民動不動就要吃一碗鯛魚茶泡飯。想要打個牙祭的時候，大家不是吃壽喜燒，就是吃鯛魚茶泡飯，幾乎已是不成文的規矩。但今天已經很難嘗到新鮮鯛魚，或許都被送進高級料亭去了吧。結果害得我們現在一看到鯛魚，就好像矮了半截，即使看到的是非洲或紐西蘭外海抓到的冷凍真鯛（外國產鯛魚），我們也會露出必恭必敬的表情。

所以說，像鯛魚茶泡飯之類的料理，最近我在日本都不吃了。反而是這次出遠門來到紐西蘭，我突然想起這東西，所以出海釣了一條真鯛回來，自己動手把牠做成了鯛魚茶泡飯。

各位的家中如果有新年剩下的鯛魚生魚片，不妨悄悄地拿來做做看，免得連鯛魚茶泡飯是什麼滋味都想不起來了。其實也不必非用鯛魚不可，就算比目魚或其他任何白色魚肉的生魚片，只要有剩的，都可以弄成鯛魚茶泡飯那樣吃吃看。真的，不是我亂講，冷凍的鰺魚或青花魚解凍之後，立刻做成茶泡飯，那味道可真是別有一番風味呢。

我所習慣的鯛魚茶泡飯作法非常簡單，或許大家看了這篇文章之後會說，這麼簡單的茶泡飯，哪裡需要特別向你學習。如果大家這麼想，我也很高興，因為我寫這些文章，只是希望大家能夠體認快捷、簡便又樸素的食物本身所擁有的美味。

下面說明作法。請大家先把生芝麻放進鍋裡煎炒，炒到香味慢慢飄出來，芝麻開始從鍋裡跳出來的時候，把芝麻倒進研磨缽，細細地研磨成芝麻粉。最好磨到芝麻油都滲出來那麼細，這種狀態似乎非常適合鯛魚茶泡飯。但如果是用手指捏碎或用菜刀斬碎的芝麻碎粒，便可在茶泡飯完成後，隨意撒上一小撮，吃起來或許會有別種風味。

換句話說，如果是研成很細的芝麻粉，就用來裹在鯛魚生魚片的表面，如果只是粗粗的芝麻碎粒，就當成佐料撒在剛做好的茶泡飯上面。

好，研磨缽裡的白芝麻全都磨得很細很細，幾乎連芝麻油都磨出來了。請打一個蛋進去，再倒些醬油。醬油和芝麻的比例大約是醬油一合，芝麻兩、三勺。芝麻醬油調好之後，把生魚片放進去浸泡。但最好先在生魚片上面灑下少許清酒。

我再按照正確的順序說一遍吧。

先把魚肉切成比較薄的魚片，就像削下來似的切成生魚片，淋上少許清酒。等待酒味滲入的這段時間，把白芝麻放進鍋裡煎炒，再來細細地研磨，磨到幾乎滲出芝麻油。接著，打一個雞蛋在芝麻粉裡，倒入相當芝麻量三倍的鮮醬油，把醬油和芝麻攪拌均勻，再把魚片倒進去浸泡。浸泡的時間並沒有規定，適當即可。

浸泡過的魚片分裝在小盤裡，上面再撒些捏碎的芝麻粒、海苔等。吃茶泡飯時，各人分別把小盤裡的魚肉倒在米飯上，加一點芥末，澆下滾燙的熱茶，這種半熟的魚肉嘬進嘴裡，那滋味真教人開心。

鮟鱇魚火鍋

再過不久，又到了鮟鱇魚出現在鮮魚店門前的季節了。說起鮟鱇魚火鍋，這道菜原是水戶地方發明的鄉土料理，儘管日本海沿岸地區現在都能吃到這道料理，但都不如水戶的鮟鱇魚火鍋做得那麼完美。

我想，就算把水戶的鮟鱇魚火鍋列入日本庶民料理的傑作之一，也不算過分吧。那麼醜陋又少見的怪魚，水戶居民卻把牠做成了美妙的火鍋，令人百吃不厭，可見人類鑽研飲食的智慧真的十分驚人。

老實說，今天原本想請大家到築地魚市場去買一整條鮟鱇魚回來，掛在院裡的樹上，親自演習一遍鮟鱇魚的吊切[1]，然後大家就會發現，這真是天下最有趣的一件工作。因為鮟鱇魚全身軟綿綿的，根本無法放在砧板上處理，但把牠吊起來的話，剛好魚肉含有豐富的水分，切起來非常過癮。再說，除了藉機欣賞一下牠那滿嘴的牙齒外，還有所謂的「鮟鱇魚七

1 吊切：鮟鱇魚的特殊處理方式，把魚吊起來，一刀一刀剖開，分解為七個部分。

道具」。這句話是指鮟鱇魚的魚皮、魚肝……等，從頭到尾都有用處，幾乎沒有丟棄的部分，所以我們拿起刀來，儘管嘩啦嘩啦放手去切，絲毫不必有所顧忌。

這種吊切活動比其他任何運動都有趣，什麼高爾夫球、滑雪……等，根本不能跟這件工作相比，所以我常常買一條鮟鱇魚掛起來，一陣亂砍亂切之後，心情也變得非常開朗。

但我並不想推薦所有的主婦都去買條鮟鱇魚回來進行吊切。因為跑一趟築地鮮魚市場也很辛苦，而且買回整條的鮟鱇魚，就算是一條小魚，但對三、四人組成的小家庭來說，還是太大了。

所以今天很無奈，只好請大家到鮮魚店去買六百公克鮟鱇魚，最多也只能買一公斤左右吧。最好多要點肝臟，另外魚皮和魚鰭多一點的話，火鍋的味道也比較可口，只買白色的魚肉，至多只能做一鍋味噌湯。

如果魚肝的分量太多，可先用鹽醃一下，再把它蒸熟或煮熟，總之，讓它熟得變硬即可，但我想，到鮮魚店只買五、六百公克鮟鱇魚，店家肯分給您的魚肝，大概也只有一丁點，可能就像麻雀的眼淚那麼多吧。

下面介紹適合放進鮟鱇魚火鍋的蔬菜，其實任何蔬菜都很合適，譬如青蔥、大蔥、牛蒡屑、竹筍、香菇……等，還有像獨活[2]、三葉芹、白果……等，也都可以放進鍋裡。

獨活切成小片，用水浸泡，水裡倒一點醋，可洗去獨活的褐色雜質。

除了上述的蔬菜類之外，鮟鱇魚火鍋裡絕不可少的材料還包括豆腐、蒟蒻絲……等。材料準備妥當後，請找一個壽喜燒鍋或適當的鍋子，鍋中裝入清水，放進一片昆布，點燃瓦斯爐，泡煮出汁。接著，倒入淡味醬油，把味道調得比平日的菜湯鹹一點。倒完醬油之後，繼續按照自己的口味加入清酒、味醂。

或許有人很想再加些砂糖，沒問題，稍微帶點甜味的鮟鱇魚火鍋應該也很好吃，請您放心地撒下砂糖吧。

先把切好的魚片用滾水燙一下，魚片看來就像裹了一層霜似的呈現白色。好，現在可以把全家人都請到鍋邊來了。大家一面把鮟鱇魚、蔬菜、豆腐……等放進熱騰騰的鍋裡，一面夾起燙熟的材料送進嘴裡，鮟鱇魚片、魚皮、軟骨、魚肚、魚肝等的味道已跟周圍的蔬菜融為一體，真是天下最幸福的火鍋滋味啊。

2 獨活：食用土當歸，又名九眼獨活。

涮羊肉

最近成吉思汗鍋在日本非常流行。

所謂的成吉思汗鍋，就是把羊肉、洋蔥、青椒……等材料放在鐵網或鐵鍋上燒烤一番，食用時隨意沾些醬料或醬汁，總之，有點像是美國ＢＢＱ、中國烤羊肉，還有韓國烤牛肉等集大成（集小成？）的一種料理。

從這篇文章開始，我想跟大家一起追溯成吉思汗鍋的源流，並對各種肉類火鍋進行研究。

首先介紹一下成吉思汗鍋的直接來源，我想，應該是來自中國吧。其實我們也可以這樣解釋：中國的「涮羊肉」傳到日本變成了涮涮鍋，而中國的「烤羊肉」傳到日本就變了成吉思汗鍋。

那中國的「涮羊肉」和「烤羊肉」又是從哪兒來的呢？我想應是中國人把絲綢之路上那些少數民族食用羊肉的方法集大成之後發展出來的。

譬如我們到了蒙古周圍的地區，大家走進哈薩克族的帳篷（蒙古包）裡參觀一下。

我們可以看到帳篷正中央有一個大鍋，裡面裝著巨大的羊肉塊，正用慢火燉煮得咕嘟作響。

羊肉煮好之後，哈薩克人撈起來放在盤子裡，一面吃一面撒上食鹽、青蒜和一種叫做「它那」的藥草，這才是真正的成吉思汗鍋呢。

不過，像這樣連骨帶肉的全羊放在鍋裡煮，工程實在太浩大，不適合都市居民模仿，所以中國人就把它改良一番，變成了放在「火鍋子」裡面燙煮的火鍋料理，這就是現在的「涮羊肉」。

「火鍋子」是一種鍋底中央裝置了煙囪的鍋子，木炭從下面放進去。這可是我們吃火鍋必備的貴重道具，請大家一定要準備一個。朝鮮有一道料理叫做「神仙爐」，也是裝在這種「火鍋子」裡面烹製的。

不久前，我到百貨公司購物時，看到各種各樣的「火鍋子」，種類非常豐富，甚至還有用瓦斯當燃料的。

所以我想各位先把「火鍋子」準備好，因為檀流涮羊肉，必須使用「火鍋子」，請您千萬別說，家裡沒有「火鍋子」，今天我就不做了。如果實在沒有這個道具，也可以用壽喜燒鍋或陶鍋，都可以拿來代替的。

下面再說明一下中國「涮羊肉」的醬料和醬汁，主要是以醬油、醋、麻油混合而成，另外再按照各人的喜好，加進許許多多各式各樣的佐料。譬如蒜薹泥啦、核桃啦……等，光是佐料就有十幾種。

不過我自己調製的檀流混合醬料的作法則極為簡單，現在就在這兒把作法公開給各位讀者吧。

先把芝麻、核桃、花生等乾果放進研磨缽裡，細細研磨，再放些蒜泥、薑泥，蘋果也磨成泥放進去，倒進大量醬油，少許清酒，如果喜歡的話，可以放些塔巴斯科辣椒醬、辣椒油……等，攪拌均勻，放在火上熬煮片刻，最後再淋上大量麻油。這就是檀流醬料的基本底料。

除了醬料外，再準備一些紅葉蘿蔔泥和蔥當作佐料。吃肉的時候，先把剛才調好的醬料倒進小盤，再加些紅葉蘿蔔泥和蔥，並澆些混了食醋的醬油。

「火鍋子」裡面裝滿高湯（或清水），一面把羊肉片放進去，一面撈出涮熟的肉片送進嘴裡，這就是所謂的「涮羊肉」。

「火鍋子」裡面還可加入自己喜歡的材料，譬如白菜、竹筍、大蔥、新鮮香菇、豆腐、粉絲……等，鍋裡的食物越豐富，味道就越鮮美。

成吉思汗鍋

上篇文章裡，我已把涮羊肉的祕方公開給大家，不知各位做得怎麼樣？其實最好買一公斤的整塊冷凍羊肉回來，把肉放進冰箱裡解凍，等肉即將融化時，再把羊肉裡不同的部分分開。

冷凍羊肉都是以冷凍壓縮的技術，將羊身上不同部位的羊肉凍成一大塊。如果用鋸骨機（機械鋸）直接把這肉塊片成薄片，味道肯定不行，因為有些部分脂肪過多，有些邊角部分無法以直角方向切下，還有些帶筋的部分根本咬不動。所以我建議各位先放在冰箱裡解凍，然後把各部分的肉塊分開，譬如沒法入口的肥油或筋腱部分都先剔除，再仔細地以直角方向削去肉塊的邊角部分，這樣處理過的肉塊，吃起來也格外地美味。

不只是「涮羊肉」需要這種處理，譬如前面提過那種名叫成吉思汗鍋的「烤羊肉」，還有「韓國烤肉」，如果能多花點時間，都像這樣處理一下，味道肯定會變得更為可口。羊肉用來做成羊排的味道或許比不上牛肉，但如果用中國式「火鍋子」吃涮羊肉，再配上各種醬料，以及日本魚片火鍋所使用的各種佐料，肯定能讓各位百吃不厭，吃了還想再吃。羊肉真是一種廉價又美味的肉類。

但有件事很重要，請大家不要忘記，調味時絕對不能少了上等麻油。

不論在中國或韓國，吃肉的時候都不會少了麻油，特別是羊肉料理的醬料裡，多放麻油，能讓料理的味道變得更好。

接下來，我們來研究一下如何把羊肉烤著吃吧。

中國和蘇俄的邊境有一種少數民族叫做維吾爾族，他們吃羊肉都是烤著吃。先把羊肉片放在炭爐鐵架似的粗厚鐵網上烤熟，吃的時候撒上大蒜、食鹽，還有切碎的義大利香芹。

絲路上的烤羊肉幾乎全都是這種吃法，眾所周知的烤羊肉串，就是用劍插著羊肉放在火上烤炙。亞美尼亞地區的居民也是用大型的長劍插著羊肉烤熟，然後撒上大蒜、食鹽、義大利香芹、蒔蘿和一種叫做「香蜂草」的香草一起食用。

中國的「烤羊肉」則是放在很厚的炭爐鐵架上，點燃柴火烤炙羊肉。羊肉烤好之後，一面撒上一種叫做芫荽（也就是義大利香芹）的香草，一面沾著醬料食用，醬料裡混合了前面介紹過的各式各樣的佐料。

一般日本家庭要做這道料理時，最好還是到百貨公司去買個鍋子，不論您買的是成吉思汗鍋、義經鍋或朝鮮鍋，都很適用。

我比較喜歡使用「義經鍋」[1]，因為一鍋兩用，既可烤羊肉，也可涮羊肉，甚至還可模仿首爾的烤肉店那樣，把烤肉沾著中央小鍋裡的湯汁食用。

總之，不論是用鐵鍋或鐵網，甚至壽喜燒鍋，都可以用來烤肉。

羊肉烤好之後，沾著我上回公開配方的醬料，另外再配上紅葉蘿蔔泥、大蔥之類的日本涮鍋佐料，淋一點醋、醬油、麻油等，吃起來味道特別鮮美。

此外，還可準備一些蔬菜跟羊肉一起燒烤，譬如、青椒、豆芽……等，都很不錯。

1 義經鍋：相傳是由平安時代的武士源義經發明的火鍋，底下一塊鐵板呈花朵形狀，中央花心的部分另有一小型鐵鍋，鐵板上可以燒烤牛豬雞肉，小型鐵鍋內可以涮肉。

韓國烤肉（朝鮮料理1）

接下來的兩、三篇文章裡，讓我們嘗試研究一下韓國料理，首先就從韓國烤肉開始吧。有些人或許會說，朝鮮料理有什麼好研究的。但是當您發現韓國人真的很懂得充分利用各種肉材時，您肯定會大吃一驚。韓國料理不僅廉價、美味，並且滋味深邃，令人回味無窮。

就拿「韓國烤排骨」來說吧，這道菜通常也叫做「韓國烤牛肋骨」，是把牛肋骨附近的肥肉，連著肋骨一起炙烤，……還有一道慢火燉煮的「韓國紅燒排骨」，那種美味，我真不知如何形容。再譬如「韓國烤牛肉」，是利用熟練技巧，把紅肉與白肉（主要是內臟）混在一起做成的，那滋味實在令我無法忘懷。不瞞各位說，我自己家裡幾乎每隔十天，就要用各種肉類、內臟，做一次韓國式燒烤或燉煮，譬如牛肚、牛百葉、牛舌、牛肝、牛心等，家裡的小孩都特別愛吃而且吃得很開心。而放在這些肉類旁邊的配菜，也只有單純的三色蔬菜——就是蕨菜、豆芽和菠菜做成的韓國小菜。這些作法簡單的蔬菜用來當作肉類的配菜，真的非常適合。

但如果因為作法簡便，就不把韓國料理放在眼裡，我覺得這種想法太可惜了。不久前，我才到首爾和慶州各地的料亭去品嘗韓國料理，就拿山菜來說吧，韓國人的作法可比我們進步多了。

如果要我舉例，或許下面這個例子有人會不以為然，記得大約在三十年前，我在長春附近的郊外閒逛，那時原野的地面冒出了許多新芽，也就是所謂的山菜，而在那種地方耐心摘採山菜的，必定都是朝鮮族女孩。

當時我心底不得不做出這樣的結論：跟朝鮮族比起來，日本人對山菜的反應實在太遲鈍了。

所以從今天起，我打算花費一些篇幅，慢慢地向大家介紹各種韓國烤肉的妙趣。在第一篇文章裡，就用最簡單的羊肉成吉思汗鍋來說明，假設我們把這道菜做成韓國式，會變成什麼樣呢？

首先請大家把整袋白芝麻放進鍋裡煎炒，耐心地把芝麻炒熟。炒好之後，把芝麻切碎或敲碎，也可以放進研磨缽裡研碎，但不要完全研成細粉，只需研成粗粒即可。

把芝麻粒放進大碗，倒入三分之一杯淡味醬油。也可使用普通醬油，但因為顏色太深，所以請用清酒沖淡，並再加些食鹽。如果使用淡味醬油的話，當然也要加些清酒，味道才會更好，清酒的分量約為醬油的兩倍。

接下來，加入一些大蒜、青蔥（普通的大蔥當然也沒問題）。都用菜刀敲扁、切碎，盡量切得細一點，最好細得像泥。

把切碎的大蒜和青蔥放進剛才調好的芝麻醬油裡，撒些胡椒粉、辣椒粉，更簡單的方法是滴入兩、三滴塔巴斯科辣椒醬，也很不錯。再淋些上等麻油，分量大約兩小匙左右吧。然後把全部材料攪拌均勻。

調料準備妥當，把羊肉放進去醃漬約一、兩小時後，就可放在桌上燒烤，可用鐵網或用成吉思汗鍋，兩者都可用來烤羊肉。

牛豬內臟燒烤（朝鮮料理2）

把各種各樣的肉片弄成韓國式燒烤，邊吃邊烤，實在令人非常開心。燻煙裊裊當中，我們把肉片放在鐵網上燒烤，或放在成吉思汗鍋裡烤炙，與其使用一百公克兩、三百圓的昂貴肉材，還不如買些便宜的材料，譬如一百公克只要一百圓左右的牛舌、牛心、牛肚（胃袋）、牛百葉（牛的第三個胃）、豬舌、豬心、豬肚（胃袋）、豬肝、豬腰（腎臟）、豬子宮……把這些材料燒烤一番，開懷大吃，心底不免升起一種吃下野蠻食物的快感，同時也深深體會到身為人類的幸福，這豈不是人間一大樂事？

所以，我今天要向大家介紹一下這類燒烤料理的基本醬料作法。

首先請準備芝麻。耐心地煎炒後，敲碎或研磨成顆粒較粗的芝麻粉，放進大碗裡。

芝麻準備妥當後，再把大蔥（或青蔥）和大蒜混在一起，先把這兩樣佐料細細切碎，或拍或切，最好弄成又黏又膩的稀泥狀。

如果手邊有青椒的話，把青椒的種子挖掉，切成碎粒，也裝進大碗裡。

除此之外，我們還需要辣椒、少許清酒、醬油和上等麻油。

事先準備好的肉材放在盤裡或大碗裡，撒上芝麻粉、大蒜和青蔥。辣椒先挖掉種子，切成碎粒，撒在肉上，然後再澆些醬油、少許清酒，兩、三大匙的麻油。把肉材和佐料、調味料攪拌均勻，我們這道燒烤的準備工作就算完成了。

但要注意的是，紅肉可用普通醬油調味，白肉（即牛肚、豬子宮之類的內臟）最好用食鹽和淡味醬油攪拌，才能保持美麗的色澤。

若是還想更講究一點，可以再加些醬油麴或中國的「芝麻辣醬」，這樣燒烤的味道會顯得更有深度。

我自己做的醬料裡，還會再滴入四、五滴塔巴斯科辣椒醬。「怎麼樣？這味道很不錯吧？」澆完之後，我總是沾沾自喜。

至於調料裡的砂糖分量，有人比較習慣像壽喜燒的那種味道，所以這類人可在調料裡加入少量砂糖，但只限於紅肉的調料。像舌頭或子宮之類的白肉，最好不要在調料裡隨便加糖。

牛舌或豬舌可直接切成小塊，泡進剛才介紹的調料裡，但是像肝臟之類的內臟，應先放在水裡浸泡十分鐘，待血污完全滲出後，才放進調料浸泡。此外，清洗內臟類的時候，應該先用鹽、醋與豆渣，把內臟用力搓洗一遍，腥臭味也可大為減輕。

尤其清洗腎臟的時候，一定要把腎臟剖為兩半，先用刀挖掉中央像脂肪似的白色部分，再用清水反覆沖洗，然後才泡進調料，如果沒有實行這些步驟，很難消除腎臟的臭味。浸泡時間大約一、兩小時，不時地攪拌幾下，讓肉片都能沾到調料。

下面再說一下食用時的沾料。芝麻粉用芝麻油調勻，倒些壓扁切碎的大蒜，再淋些醬油、醋，前面提到的塔巴斯科辣椒醬也可以放一點。然後，就在陣陣燻煙繚繞中，大家把肉片放在火上烤熟，送下肚裡。

韓國小菜（朝鮮料理3）

韓國冬季的蔬菜很少，而大家又吃下過多的牛肉、豬肉和內臟，所以韓國人花了很多精神來研究如何烹製稀少的蔬菜

說起蔬菜的料理方法，日本人當然也擁有相當熟練的技巧，而且日本料理的蔬菜配色總是那麼美觀，菜肴看起來總是那麼衛生。但是對於山菜方面，我想韓國人可能比我們更關心、更執著。這一點，我在前面的文章裡也已經介紹過了。

去年春天，我到韓國各地旅遊，那時吃到一種不知名的山菜。真沒想到浸泡蔬菜的湯汁竟然那麼透明、美麗，味道又那麼鮮美，著實令我大吃一驚。

所以，我想跟各位一起來做大家經常在韓國餐廳吃到的三色蔬菜。這道料理的名字叫做「韓國小菜」。

大家吃了韓式燒烤的肉片和內臟，如果不來點朝鮮風味的「韓國小菜」，補充一下蔬菜，豈不是厚此薄彼？

這道三色「韓國小菜」，在一般的韓國餐廳都能吃到，主要是由蕨菜、菠菜和豆芽（紅

豆或黃豆的豆芽）做成。

這道料理也是一道味道極好的朝鮮家常菜，需要的調料包括：芝麻、麻油、大蔥、大蒜、辣椒，以及食鹽、醬油等，如果可能的話，也可以加些醬油麴。

大蔥和大蒜按照前回說過的，用菜刀敲扁，切成極細的碎粒。芝麻可以切成碎粒，也可敲碎，或放進研磨缽裡磨成粗粒。

豆芽放進滾燙的鹽水汆燙兩、三分鐘，濾乾水分。有些人直接把豆芽放進鍋裡乾煎，也有人按照中國式作法，先在鍋裡放一點油，撒一點鹽，把豆芽放進鍋裡翻炒。但我想用滾水燙一下，比較適合日本人的口味。

菠菜也跟豆芽一樣，用鹽水燙一遍。如能在水裡加些灰汁[1]，菠菜燙出來的色澤會更加鮮豔。燙好後切成小段，最好比做日本料理的浸物[2]時切得更短一點。

豆芽和菠菜燙好之後分別放進不同的大碗裡，先撒下大量芝麻，再撒些切碎的大蒜和大蔥。辣椒的分量可按照自己的口味決定。

下面這一段，我特別寫出來提供各位參考。因為我覺得豆芽和菠菜的調味稍微弄得不一樣的話，吃起來也比較美味，又顯得變化豐富。豆芽先澆一點醋，撒些食鹽、醬油。最好是

---

1 灰汁：草木燃成的灰燼泡進水裡，上方比較清澄的部分叫做「灰汁」。主要成分為碳酸鉀，所以具有鹼性。

2 浸物：燙熟的蔬菜擠掉水分，浸泡在調味過的出汁裡。

淡味醬油，不僅菜色會看起來比較明亮，而且很奇妙的是，味道也變得比較好吃。

菠菜裡可以加入少許砂糖，醬油可用普通醬油，也就是顏色較深的醬油。菠菜裡不需要倒醋，醬油麴倒是可以比豆芽裡多加一些，味道會比較好。

最後在豆芽和菠菜裡都滴一些上等痲油，耐心地反覆攪拌。這個攪拌的工作非常重要，請一定要反覆細心地攪拌。

三種蔬菜料理（朝鮮料理4）

上次我們已經做過豆芽和菠菜的「韓國小菜」，當然，用黃豆芽做這道菜的時候，必須把味道調得比紅豆芽更重一些，所以芝麻、麻油、大蒜、大蔥、辣椒、胡椒粉、醬油麴、食鹽和淡味醬油……等調味料都必須多放一點。

或者，如果需要的話，還可以把牛肉剁碎，放在油裡炒熟之後，撒在黃豆芽裡面。

接下來我們要介紹蕨菜做的「韓國小菜」，也就是「拌炒蕨菜」。

先把乾蕨菜放在水裡發開，再放進滾水裡燙煮片刻，讓蕨菜變得更加柔軟。

煮過的蕨菜用清水沖洗乾淨，根部附近較硬的部分統統切掉，然後切成適當的小段。

牛絞肉少許，跟大蒜一起用菜刀剁碎。把油倒進中華鍋，分量大約兩、三大匙，猛火快炒牛肉和大蒜碎粒，然後把蕨菜全都倒進鍋裡，翻炒片刻。全都炒熟後，倒進適量清酒，接著再放砂糖、醬油。蕨菜做成的料理還是甜一點比較好吃，可以多放一點砂糖。倒入醬油的目的是為了讓蕨菜的色澤更美，所以不必使用淡味醬油，只要倒些普通醬油即可。

調味料倒進鍋裡之後，用小火稍煮片刻，讓蕨菜完全入味。

等到即將起鍋前，再按照自己的口味放些辣椒，並撒上芝麻粉、蔥粒、胡椒粉，最後淋些上等麻油，攪拌均勻，即可關火。

這道拌炒蕨菜就算完成了。當各位開懷大啖朝鮮風味燒烤時，不論吃的是羊肉，還是牛豬的舌頭、內臟，請大家最少也準備蕨菜、菠菜和豆芽做成的三色韓國小菜當作配菜吧。

前面曾經提過，我覺得韓國人烹製山菜的技術非常卓越，因為他們把浸物做得極好，浸泡蔬菜的湯汁既清澈又透明。

所以我今天要模仿他們，也來做一道湯汁透明的三葉芹浸物。

如果能買到帶根的三葉芹，或許我還能利用三葉芹的根部，模仿韓國的拌炒桔梗做出另一道小菜呢。三葉芹買回來之後，好好沖洗乾淨，切成一樣的長度，擺放在較深的盤中。另外找一個鍋子，裝入鹽水，並把剔掉種子的辣椒，還有大蒜，一起放進鹽水煮沸，等到大蒜的香味飄出來，就把盤裡的三葉芹輕輕倒進鍋裡。

緊接著，立刻澆些醋和麻油。這是為了使三葉芹在溫度變低之後，仍能保持色澤與形狀。但儘管如此，燙煮過的三葉芹經過一段時間後，總還是會變色的，所以這道菜最好盡量在食用之前才做。

如想省略燙煮大蒜、辣椒的手續，可採用另一種簡便的方法：直接把滾燙的鹽水澆在三葉芹上，然後滴入兩、三滴塔巴斯科辣椒醬。芝麻粉和胡椒粉的分量則按照自己的口味調節。

接下來再順便介紹一道朝鮮風味的韭菜炒蛋。平底鍋裡倒入沙拉油，分量可以多一點，撒些食鹽，用猛火快炒韭菜，等到韭菜有點變軟了，打兩、三個蛋，攪拌均勻後，倒進鍋裡。待雞蛋比半熟更熟一點時，就可關火。重點是不可把蛋炒得太熟。

這道韭菜炒蛋必須沾著蝦醬吃，所以我把它叫做朝鮮風味，但這道家常菜的味道非常可口，大家不妨試做兩、三次，直到熟練為止。最重要的是韭菜和雞蛋都不可炒得過熟，同時味道最好調得淡一點。

韓國雜炊和心平粥（朝鮮料理5）

記得很久以前，我在韓國各地小鎮漫遊，有一天，來到一座院落，也不知那是旅館還是食堂，總之在院落的一角，有個巨大的鐵鍋放在那兒，不，或許不能說它是鍋，應該更像石油罐或大鐵桶，裡面正熱騰騰地燉著許多東西，譬如牛頭啦、排骨啦、豬腳啦，牛肚啦，牛腸啦……等，都正隨著湯汁上上下下地漂流沉浮。

直到今天，我猜那地方還是在演出同樣的場景吧。

日本人都是利用昆布和柴魚屑泡煮出汁，這種瞬間煮出清潔湯汁的技術，日本人真的非常擅長，但利用動物全身各部分慢慢熬煮高湯這種技術，日本人卻一無所知。

或許是因為一般人始終沒有機會捕捉動物或食用獸肉吧。

但是這類食材現在已經逐漸普及，大家不妨都來嘗試一下，讓我們利用牛骨、豬骨、牛肚、豬腸之類的材料燉些高湯如何？

高湯煮好之後，如果每天再繼續用小火燉煮一陣，就算過了十天八天，高湯還是不會腐壞，味道也肯定比速食湯好喝多了，同時我們還可乘機吃到湯裡的各種材料。

再舉例來說，若是剛好飯鍋裡剩下一點鍋巴的話。

這可是難得的好機會。因為我們就可利用鍋巴做一道朝鮮風味的雜炊了。有些人甚至還故意把飯煮成鍋巴呢。因為他們就是想用鍋巴來做這道雜炊。

熬煮高湯的材料我們在前面已經說過，豬或牛的舌頭、心臟、胃袋、腸……等，都可以拿來熬湯。但是必須先用食鹽、醋、豆渣等仔細地揉搓清洗。為了去除腥臭，最好再把各部位用開水煮二、三十分鐘，然後才放進大鍋，加入一些蔥、薑、蒜、鹽，滿滿地注入整鍋清水，用小火慢煮約兩、三小時。

熬煮的過程裡，不時地細心撈出雜質和肥油。然後我們可以找個小鍋，舀出一些需要的高湯。

先嘗一下味道，撒些食鹽，倒入少許淡味醬油，再把剛才提到的鍋巴放進去，還有切成小片的蘿蔔也放進去，攪拌均勻。等到蘿蔔煮軟了，鍋巴也煮散了，就可倒入大量豆芽。再從大鍋裡撈些自己想吃的舌頭、心臟、胃袋、腸子之類，切成小塊，丟進雜炊裡面。

等到鍋裡的材料都煮得差不多了，加進事先切好的蔥絲，撒些胡椒，淋些麻油，攪拌一下。

這樣煮出來的雜炊，肯定滋味十分鮮美，我家的小孩都覺得這種雜炊比日本式雜炊好吃多了。

家裡有了這樣一鍋耗時燉煮的內臟與高湯，只要把湯和內臟舀出來放進小鍋，加些蘿蔔、胡蘿蔔、白菜、韭菜……等，立刻就變成一鍋雜炊。

鍋裡最好還能加入大量的豆芽。麻油也最好使用品質較佳的上等貨。

最後再順便介紹一道草野心平[1]流的麻油粥吧。先把一杯白米倒進大鍋。米不需要洗，也不需要加工，只要倒進一杯米就好。接著倒進一杯麻油，再加入十五杯清水，放在爐上，慢慢用小火燉煮兩小時，最後才加入少許鹽味。這道心平粥保證非常美味。雖然它的名字叫做「心平」，卻絕對不必「擔心」[2]做不成功。

1 草野心平（一九〇三—一九八八）：日本詩人。

2「擔心」的日文發音shinpai與「心平」的日文發音shinpei相近。

豬腳和豬耳朵

日本人總是做些極度衛生又配色極美的料理，而且大家對這種料理非常喜愛。也因為這種潔癖，日本人雖然常吃家禽家畜的大里肌、小里肌，或腿肉，但是肝腎（不是形容詞[1]）的部分卻都棄之不用，更別說什麼舌頭、蹄子、尾巴之類的部分，日本人一聽到這些食材，都會畏懼得連連發抖。

就算小孩表示願意嘗一嘗，孩子的媽媽卻立即皺起眉頭，像在責罵十惡不赦的惡鬼似的把自己的孩子大罵一頓。

如此一來，好吃的食物眼睜睜地被她們拋棄了，那些動物身上富含營養又容易消化的部分，從此都被排除在孩子的人生之外。其實食物哪有什麼該吃或不該吃呢？

牛豬的里肌值得吃，牛豬的舌頭不能吃。一個人的頭腦究竟要糊塗到什麼程度才會說出這種話？

1「肝腎」的日文除了指肝臟和腎臟，同時也有「極為重要」的意思。

正因為如此，我在前面的文章裡也向大家介紹了許多烹製肝腎等內臟的方法。譬如朝鮮料理就很善於把肝腎做成美味佳肴，所以我們前面幾回連續介紹了好幾道朝鮮料理。今天我想跟大家一起做幾道豬腳和豬耳朵的料理。

日本人一聽到豬腳，立刻就有人害怕得搖頭，但是中國人都相信蘿蔔燉豬腳能讓孕、產婦的奶水充足，因此中國人看到這道料理都會很高興。

我還記得法國有一家著名的大眾食堂，名字就叫做「豬腳」。法國女人看完電影之後，喜歡路過這家餐廳，進去吃一份豬腳，法國作家阿爾封斯・都德也很愛吃，他還在文章裡說：「豬腳吃起來有一種栗香。」

好，下面就向大家介紹作法。豬腳或豬耳朵買來之後，如果上面還有豬毛，請用刮鬍刀細心地刮掉。剩下一點毛渣，可以稍微用火燒一下，就燒掉了。

整隻豬腳和整個豬耳朵都用鹽和醋好好兒搓洗一番。如果覺得這樣洗還不放心的人，可以用洗碗精再洗一洗。我自己是用鹽、醋，加上豆渣，非常仔細地搓了又搓，洗了又洗，把它們洗得一乾二淨。

豬腳和豬耳朵我都先用滾水煮一遍，因為脂肪實在太多了。不喜歡吃油膩食物的人，也可以反覆多煮幾遍，把肥油統統煮掉。

我們通常燙煮一般材料時，大約煮上三、四十分鐘，就可以把熱水倒掉。但那樣燙煮豬耳朵的話，會把它煮爛，所以只要燙煮二、三十分鐘即可。

煮好之後，按照中國式作法，把豬腳縱向切成兩半。

接著倒些醬油，最好多倒一點，把湯汁的味道調得比平時的菜湯鹹一點，再丟進一些蔥、薑、蒜，以及八角（大茴香）一粒，或撒下少許五香粉，用小火慢慢燉煮鍋裡的豬腳，大約煮上三、四十分鐘，醬汁的味道都煮進去了，用筷子輕輕一挑，很容易能把豬腳挑破時，就算煮好了。這時可以再滴入兩、三滴麻油。

豬耳朵也跟豬腳一樣，先燙煮一番後，放進跟豬腳一樣味道的湯汁裡燉煮，或者不加任何調味料，只用水煮，也很不錯。換句話說，沒味道的豬耳朵煮好後，切成細絲，沾著醬油醋一起吃。醬油醋裡倒進一、兩滴麻油，是讓這道菜美味的祕訣。

法國式作法是把燙煮過一遍的豬腳，重新放進水裡再燙煮一次。第二次燙煮時，加入洋蔥、胡蘿蔔、大蒜、丁香，以及月桂葉等其他香料（捆成一束），並且用湯汁將麵粉溶成液體，倒進鍋裡一起慢慢燉煮，煮好之後的豬腳是白色的。

麻婆豆腐

今天我們要做一道比較特別的豆腐料理。

這道菜來自中國的四川省，是用很辣的辣椒做成的豆腐料理，名字叫做「麻婆豆腐」。「麻婆」是指一位老婆婆，因為她臉上長了雀斑還是麻子（得過天花之後留下的痘痕），所以被稱為「麻婆」。

臉上長痘疹有可能是因為得了麻疹、黑豆痘或天然痘之類的疾病，所以這位麻婆或許也可稱為「痘婆」或「疹婆」吧。總之，這道料理的名字實在很奇特。

或許也因為絞肉和花椒（花椒為山椒果實的殼）混合之後的模樣很像麻子吧。

但我不會完全按照中國原本的方式來做，因為我打算利用紅椒粉、番椒粉之類的材料，做一道色澤鮮豔的西洋式麻婆豆腐。下面就把祕訣告訴大家，請不要批評我亂搞，我只是想把麻婆豆腐做得更符合現代人口味，並把它發揚光大。

首先，請準備兩塊豆腐，攔腰片成兩半，用兩塊砧板夾住，最好把砧板放成傾斜狀，這樣才能靠砧板的重量把豆腐的水分擠出來。

壓擠水分的這段時間，我們先來調製祕方調味油。如果您決定使用豬油，請先用小火把豬油熬化（如果使用沙拉油或麻油，就可免去這道手續），再撒下大量的紅椒粉，很快地，鍋裡的油就被染成鮮豔的顏色，而且飄出誘人的氣味。這時再灑下兩、三滴塔巴斯科辣椒醬，然後用小火熬煮，並且動作輕緩地攪拌鍋裡的紅油。

如果家裡有醬油麴（比較不甜的那種），最好加一點進去，也可加些豆鼓（有點像曬乾的醬油麴，顆粒的大小像大豆）、蟹醬或腐乳（豆腐發酵製成的食品）……等，類似這些材料，都可以放進去。如果手邊還有鹹魚類加工食品，也可以加進去，味道一定會顯得更有深度。同時，還可倒下少許淡味醬油調味。

事先準備一些豬絞肉（一百公克至一五〇公克），大蒜一瓣，一面切碎一面將大蒜混入絞肉，再倒下大量清酒，跟絞肉攪拌均勻。

點火燒熱剛才準備的祕方油，大蒜和豬絞肉下鍋爆炒，炒到豬肉顏色改變，撒下切碎的辣椒。辣椒事先剔除種子，分量按照自己的口味決定。

水中放入少量太白粉調勻，倒進鍋裡，讓鍋裡的絞肉煮成濃稠的湯汁，然後把剛才擠乾水分的豆腐全部倒進鍋裡，攪拌均勻。豆腐事先切成兩公分見方的小方塊。攪拌的速度要快，最重要的是讓全部豆腐塊都能沾到調料。

豆腐快要煮好時，用指尖抓一撮山椒果殼（花椒），撒在豆腐上，再滴幾滴麻油，稍微攪拌一下，這道菜就做好了。

當然也可把山椒的黑色果實直接撒在豆腐上，但這樣味道就太強了，還是用手捏碎果殼再撒下去比較好。

杏仁豆腐

很久以前，我還是小孩的時候，每當喉嚨出了問題去看醫生，醫生肯定會發給我一種藥水，那藥水的氣味很奇妙，我聞著簡直要昏倒了似的。

現在覺得那氣味很令人懷念。

那種藥水其實就是杏仁水。

杏仁是一種杏子（也可能是巴旦杏）的種子，從古代起就是治療喉嚨疾病的藥材，因為氣味芬芳，不論中國人或歐美人都很喜歡，還把它當作點心或甜點的材料與香料。

譬如中國的「杏仁霜」（杏仁的種子磨成的粉末）就是用杏仁做的，杏仁精則是一種散發杏仁香味的濃縮液。

今天我們就來做一道具有懷舊氣息的「杏仁豆腐」吧。

這道甜點是用牛奶、洋菜加入杏仁粉做成的。但我們想自己買些杏仁，在家磨成細粉，卻是一道極為艱鉅的工程。

「杏仁霜」只有在中國才買得到，我們在日本很難買到這東西。

所以今天我們就用杏仁精，做一道散發杏仁香味的牛奶果凍吧。反正像王馬老師[1]那麼有名的料理專家，也都是用杏仁精做出便捷的杏仁豆腐，所以大家請放心，照著我的食譜來做，不會錯的。

先說我們需要的材料：牛奶兩、三瓶、洋菜粉。另外還需要砂糖和當令水果，若想改用罐頭水果也可以。

至於最重要的杏仁精，不論在哪家百貨公司，應該都可以買到。

連續做過幾次之後，可以再加些玉米粉，這樣吃起來味道會更好。

先按照說明書，用牛奶溶化整包洋菜粉，如果說明書寫兩瓶，就使用兩瓶牛奶，如果寫兩瓶半，就用兩瓶半牛奶，請好好兒地攪拌均勻，然後用小火加熱。

這時我們可按照自己的口味加入砂糖，但是請注意，加了多少砂糖就得減少多少牛奶，否則洋菜粉很難凝固，請大家千萬小心。

但沒有經歷過兩、三次失敗的人，是無法了解我現在說些什麼的。所以建議大家剛開始學做這道料理時，先把洋菜粉溶解在少量清水裡之後，再點火加熱，接著才倒進兩、三瓶牛奶和砂糖。這個方法雖然不錯，但洋菜粉凝固的過程，畢竟還是會受砂糖量和冬夏寒暑的影響而發生微妙的變化，所以請大家仔細認真地研究一下。我自己大概就失敗過十次呢。

其實做壞了也沒關係，只要重新加溫、溶解，還是能挽救的。我建議大家，一開頭最好能連做五次，用心研究一下這個步驟。

溶解洋菜粉的同時，如果再加進一茶匙左右的玉米粉，口感會變得非常好，但是加入玉米粉之後，很難判斷杏仁豆腐是否已經完全凝固，所以性急的媽媽最好不要使用玉米粉。

牛奶加入洋菜粉之後，小心地攪拌均勻，等到鍋中沸騰起來，即可關火，立刻滴入一、兩滴杏仁精。接下來，就只需把鍋中的溶液倒進模型或大碗，然後放進冰箱冷卻。容器裡的溶液厚度最好不要超過二三公分。

另外再煮些糖水，靜置冷卻。等杏仁豆腐凝固後，像畫十字一樣縱橫各切數刀，全部倒進糖水裡即可。

糖水裡還可加入一些罐頭的鳳梨、橘子……等，不，還是用新鮮的橘子、草莓、香蕉……等，諸如這些當令水果，都可以放進去，杏仁豆腐跟各種水果構成美麗的配色，看起來就像一道高級甜點。

1 王馬老師：指日本著名的中菜講師王馬熙純。

燒餅

隨意踏進異國或旅途中的小吃店，一面嚼著店裡的點心或料理，一面悠閒地觀察店家製作料理，這種經驗真的令人很開心。

尤其當我身在中國鄉間的小鎮時，譬如有一天，我看到一家店裡正在做蓮子湯（用蓮子做成的一種甜湯），就在店門外欣賞了一會兒，把那過程從頭到尾都看清楚了，所以我現在完全了解蓮子湯的作法。

我要跟大家一起做的「燒餅」，也是我在中國各地小鎮遊蕩時學來的，這東西也是一種能給我帶來愉快與無限回憶的食物。

記得那時我正在中國北方的石門閒逛，有一天，突然碰到了空襲，我便躲進一間小店，店裡剛要開始做「燒餅」，我覺得作法十分有趣，看著看著，竟然在店裡消磨了一整天。後來回到日本以後，我在家裡跟母親一起試做了一回，居然輕易就做出同樣的味道。當時剛好是戰後，日本國內買不到任何點心類的食物，所以我們就自己做燒餅當點心吃。

燒餅不僅適合給小孩當點心，也可以用來配啤酒。好，我這段前言說得有點過長了，總之，燒餅的作法一點都不難，任何人都能做出這道簡單的點心。

首先，請在麵粉裡加入清水，一面像做烏龍麵時那樣用力揉麵，一面把水加進去。麵粉最好採用高筋麵。有些人可能會說，我這輩子還沒做過烏龍麵呢。請不要錯過這次機會。我們一輩子至少也得自己做一次烏龍麵嘛，順便再烤幾個「燒餅」，豈不是很好？

麵粉用水和好之後，反覆揉搓，把麵團的硬度揉到像我們的耳垂，再用擀麵棍壓開麵團，盡量讓麵團向四周伸展。各位等待老公下班回來的這半天裡，正好藉著揉麵動作，把心中的所有鬱悶全部一掃而盡，天下哪有這麼愉快的事啊。我甚至猜想，說不定就是因為做「燒餅」能治「吃醋」[1]，所以「燒餅」才得到了這個名字呢。

揉麵的時候，撒一些砂糖和食鹽在麵團裡。

等到麵團揉好了，再用擀麵棍把麵團盡量滾開壓扁，攤成很大一片麵餅。

麵餅擀好之後，在麵餅表面抹些上等麻油。

可以找一把小刷子把麻油塗上去，也可用紗布、廢布沾些麻油抹上去。

在這塊大餅上薄薄地抹上一層麻油，每個角落都要抹透，然後把大餅捲起來。不論從哪頭開始捲都可以。

1「燒餅」的日文發音yakimochi跟「吃醋」的日文發音一樣。

這項工作一點都不難。就把大餅捲成棒狀，像一條長長的麵棒即可。

接下來，用剪刀或菜刀把這根長長的麵棒切成五公分左右的小段。

切好了嗎？應該切成了很多小麵團，看起來就像木樁似的，對吧？

請讓小麵團統統站在砧板上。或許各位覺得我這種說法，好像要叫麵團表演什麼特技，其實只是把五公分長的麵團豎起來，再用盤子的底部或其他道具，把麵團壓扁。

也就是說，捲成圓筒狀的麵團切成小段，再把小段的麵團像木樁似的站起來，從上向下壓扁。

如此一來，小段麵團就變成了圓形麵餅，對吧？

接著，請在餅上撒些芝麻，讓芝麻密密麻麻地貼滿整個麵餅表面。喔，或者也可以把麵餅中央壓個凹洞，放些切碎的梅乾當作裝飾，可能也很有趣。

麵餅表面裝飾完畢後，放在平底鍋裡耐心地烤熟兩面，燒餅就完成了。

糯米丸子

上回向大家介紹的「燒餅」究竟是什麼樣的食物呢？這東西原本只是中國北方鄉間做來給小孩解饞的零食，但因為任何人都能做，隨時隨地都能做，而且香味十足，所以我特別喜歡它，直到現在，我仍然常常做來配啤酒。更值得一提的是，因為是先把麵團攤開，塗上麻油，再捲起來縱向壓扁，如果烘烤技術不錯的話，可以把燒餅烤得像「派」，吃起來一層一層麵皮往下掉，那種口感實在很棒。

言歸正傳吧。這回要向大家介紹的料理，也是我在中國無意間學來的。那時，是在漢口一個叫做「花樓街」的地方。後來我回到日本，在戰後糧食困難的那段時期，我跟母親兩人悄悄地試著做成了這道令人欣喜的點心。

我記得這點心名字叫做「糯米某某」，正確名稱現在卻想不起來了。如果我人在東京的話，一定馬上跑去問邱永漢先生，可惜我現在正在西班牙旅遊，只好請大家見諒，暫且讓我把這道料理叫做「糯米丸子」吧。

反正名字叫什麼都無所謂。簡單地說，就是把肉丸、豆沙丸外面裹上糯米，然後拿去蒸熟的點心。

中國人做這道點心時，幾乎必定是兩種一起做，同時把肉丸和豆沙丸裝在盤裡端出來。所以請各位也不要嫌煩，不妨兩種一起做，都品嘗一下，然後再決定下次是否只做肉丸，或只做豆沙丸，這樣反覆練習，多多累積經驗才好。

當然，經過一番練習後，各位肯定能把這道稀奇又美味的點心做得十分成功，不僅孩子吃了開心，就連府上向來不善表達的老爺，也會驚訝得目瞪口呆呢。

首先，請各位先去買些糯米回來。

糯米放在水裡浸泡一晚。但因為是裹在肉丸和豆沙丸外面，所以並不需要太多糯米。如果做完之後還有剩下，可以混在白米裡一起煮飯，或者乾脆做一道紅豆飯。

假設您買回來半公斤糯米，就把半公斤全部放進水裡浸泡一晚，然後倒在笊籬裡濾乾水分。

接下來我們要做肉餡和豆沙餡。肉餡暫時先做成各位已經熟悉的餃子餡或燒賣餡即可。

把切碎的洋蔥混入豬絞肉，攪拌均勻，喜歡大蒜、生薑的人可以加些進去，喜歡香菇和木耳的人，也可切碎以後加進一些。

但如果太貪心，加進過多的蔬菜，肉丸就很容易散開。您若覺得自己做的肉丸也有這種可能的話，最好再加些太白粉，這樣糯米粒也比較容易黏住。

調味料除了食鹽之外，再倒些醋，並撒些砂糖提鮮。大家可以試著放進各種調味料，就像做實驗一樣。但有一件事很重要，請大家絕對不能忘了：最後淋上少許上等麻油。

肉丸搓好之後，放在糯米上面滾幾下，讓肉丸表面全都黏上米粒，然後放進蒸籠蒸熟。最理想的蒸籠是中國式蒸籠，當然，如果沒有的話，使用手邊任何種類的蒸籠都沒問題。但為了避免聚積水蒸氣（盤子容易殘留水分，最好把丸子放在有洞或有縫隙的蒸盤上），請在丸子下面鋪一塊清潔的抹布。

豆沙餡的作法想必大家都很熟練，不論是買來的豆沙或自製的豆沙，最好先倒點麻油把豆沙重新攪拌一遍，再裹上糯米，這樣味道才比較好吃。

肉餡和豆沙餡的糯米丸子在外型上稍加區分，看起來比較有趣，吃的時候也會覺得這種作法比較實用。

蒸煮時間大約一小時。不過最好還是自己試吃一小口，看是否已經蒸熟了。

鯨鍋

這年頭真教人難以相信，一根蘿蔔居然要價兩百圓，一個高麗菜也要一百二十圓。但是請大家千萬不能自暴自棄地嚷著說：討厭！這該死的年頭，我什麼都不要吃了。

不論乾旱持續多久，不論饑饉多麼嚴重，我們還是得填飽肚子活下去。正因為我們的直系祖先都能吃飽活好，我們才能擁有今天的智力與體力，也才能持續發育成長。

來吧！大家都到蔬菜店門口來瞧瞧。喔！原來如此，雖然大部分蔬菜都標出令人咋舌的價格，但水菜和小蔥還是比較便宜的。水菜雖然個頭較小，一把才五十圓。

水菜的著名產地在京都的壬生附近，所以水菜最先是叫做壬生菜，也叫做京菜，但不知從什麼時候起，卻被叫成了水菜。

今天，就讓我們就利用這個價格低於往年的壬生菜，來做一道上方[1]風味的鯨鍋吧。壬生菜一把五十圓，再買一百五十圓的鯨魚肉，就能做出一鍋足供三、四人吃得很飽的鯨鍋。

或許有人會說，鯨魚肉一定要買尾巴的部分。這一點倒是不必過於在意，只要到鮮魚店去買些鮮紅的冷凍鯨魚肉即可。

首先在壽喜燒鍋中注入適量清水，再放一片泡煮出汁的昆布進去。等到昆布完全變溼了，倒些醬油下去（淡味醬油幾乎無色，應該能讓壬生菜的綠色和白色看起來更美）。出汁的味道調得比平時的菜湯更鹹一點。但如果把出汁弄得全是醬油鹹味也不行，所以盡量把味道調得淡一點。如果家裡有暖過沒喝完的清酒，也可以倒進去，然後點火加熱。

京都、大阪等地做這道料理的準備工作僅此而已，接下來，就把大量的壬生菜放進鍋中，待湯汁沸騰，壬生菜變軟時，再把切成薄片的鯨魚肉排放在菜葉上，湯汁再度煮滾的瞬間，就可以撈起魚片或菜葉送進嘴裡了。

我因為受到朝鮮和中國的影響較大，所以在家做這道料理時，我總是先把大蒜、生薑拍扁切碎，放進出汁裡，然後才把大量壬生菜鋪在鍋底。

壬生菜切得粗一點，切成約十公分的小段，似乎比較適合鯨鍋。

接下來就該點燃瓦斯爐啦。不一會兒，鍋裡沸騰起來，壬生菜發出咕嘟咕嘟的聲音，這時，我們把鯨肉薄片一片一片投進鍋裡。

鯨肉千萬不能燙煮太久。請大家把它看成是在半熟狀態下食用的食物。

燙煮片刻後，壬生菜裡有一種物質滲入湯汁，這種物質或可說是雜質，或可說是苦味，

---

1 上方：江戶時代稱呼京都、大阪等近畿地區為「上方」，因為天皇居住的首都為「上」。

當它跟鯨魚肉融為一體進入嘴裡時，最令人驚訝的是，兩種原本樸實平凡的食物，這時竟能聯手組成一道令人回味無窮的火鍋。

還有一件事請大家注意，鯨鍋裡最好不要放砂糖。

長崎什錦麵和長崎炒烏龍

只要去過一次長崎的人，幾乎沒有一個不懷念「長崎什錦麵」或「長崎炒烏龍」。尤其是在九州度過少年時代的人，不吃上一碗長崎什錦麵，總覺得肚子沒吃飽似的。麵裡的材料包括當地人叫做「丸子剝」的一種奇異貝類，還有豆芽、魷魚……還有什麼來著，對了，還有魚板、水煮蛋、豬肉、洋蔥、竹筍、高麗菜……等等，幾乎任何材料都可以放進去，什錦麵也因此而得名。煮好之後，裝在一個巨大的碗裡，所有的材料堆得滿滿的，幾乎快要從碗裡掉出來。

已故的坂口安吾前往長崎時，曾被那巨大的海碗嚇倒。簡直就是洗臉盆嘛！坂口安吾說。他這種感想真的一點也不令我意外。

今天我就要在這兒介紹「長崎什錦麵」的作法，各位可以多放點豆芽之類的蔬菜，盡情享受一下長崎的氣氛。

先說最重要的，就是高湯的作法。用雞骨或豬骨熬製都可以，把蔥、薑、蒜一起丟進去，耐心地慢火熬煮。

高湯先用食鹽調味，如果覺得不夠鮮，再淋上少許淡味醬油。

至於麵條，我們就用市場出售的熟拉麵，請事先買一些回來。把麵條放進中華鍋裡，用豬油炒一遍，如果有烤箱的話，炒好之後放在烤箱裡，盡量不要讓麵冷掉。「長崎炒烏龍」或「長崎什錦麵」裡的材料如果煮得太久，或炒得太久，味道就不好了，所以做起來雖然比較麻煩，我們還是把麵裡的材料分別炒熟比較好。

舉例來說，第一步是翻炒豆芽。中華鍋裡放些豬油，適量地撒些食鹽，大火燒熱鍋中豬油後，把豆芽一口氣倒進鍋中快炒。因為等一下還要放進湯裡去煮，所以只要炒得半熟即可。炒好的豆芽倒進盤裡之後，想辦法不要讓它變冷。

如果是全家只有兩、三人的小家庭，就按照下列順序，將豆芽以外的材料用豬油加食鹽翻炒一下：

一、五花肉（切成適當大小）、薑、蒜。

二、切成大塊的洋蔥。

三、竹筍、大蔥、香菇。

四、切成大塊的高麗菜。

從一開始就使用最強的猛火翻炒，等所有的材料都快要變軟了，把剛才炒了一半的豆芽倒進去。

最後才把切塊的魷魚、花蛤肉倒進鍋裡。魷魚和貝肉炒得過久，會變得很硬，也不好吃，請大家千萬小心。

看魷魚炒得差不多了，倒進少量高湯。我通常是另外做一碗太白粉水，把花蛤肉放在這碗溶液裡，然後一口氣把碗裡的東西倒進鍋中，一面攪拌，一面煮熟花蛤肉煮熟，讓鍋裡煮成濃稠的高湯。

攪拌時，還可澆些淡味醬油調整湯汁的味道。

最後再淋些上等麻油、塔巴斯科辣椒醬、胡椒粉。把剛才炒好的熟拉麵裝進西餐盤裡，澆上鍋中的材料，就是一盤「長崎炒烏龍」。

如果把麵裝進大碗，上面覆蓋炒熟的材料，再注入大量高湯，就是一碗「長崎什錦麵」。

西班牙大鍋飯

西班牙全國各地城市都有一種叫做「西班牙大鍋飯」的料理。簡單地說，等於就是變相的「手抓飯」，在西班牙是很常見的米飯料理。而有趣的是，走遍西班牙全國，這道菜必定都被番紅花染成黃色，而且散發出番紅花獨特的香氣。

不論在巴塞隆納或是瓦倫西亞，每個地方放進西班牙大鍋飯裡的材料都不一樣，有些地方只放雞肉，有些地方放些貽貝，也有些地方放些蝦子，甚至還有些地方是放些炸魚肉，總之，材料千變萬化，種類多得不得了。

今天，我想把各種材料統統倒進鍋裡，做一道豪情萬千的西班牙大鍋飯。這是我在巴塞隆納某間餐廳吃過的料理，現在就根據那家餐廳的作法重現一遍。

當然，貽貝在日本很難買到，所以我們就改用花蛤吧。

首先請把洋蔥切成碎粒，同時也把少量的大蒜切碎。

洋蔥需要多少呢？我看這樣吧，如果要炒五、六杯米的話，大約有三分之一至半個洋蔥也就夠了。

洋蔥切碎後，放在大型平底鍋或中華鍋裡，加入奶油或沙拉油翻炒片刻。如果使用橄欖油，或許味道會更接近西班牙風味，但也不必過分在意，反正什麼油都可以拿來翻炒。洋蔥炒好之後，把米粒全部倒進鍋裡。別忘了先把米粒放在水裡浸泡片刻，然後倒在笊籬濾乾。米粒倒入鍋中之後，大約翻炒五分鐘，把浸泡過少量番紅花的熱水倒在米粒上，繼續細心翻炒，讓整鍋米粒都被染成黃色。番紅花可到藥房購買，兩百圓一袋，大約只需使用半袋就夠了（如果翻炒五、六杯米的話）。

接下來，我們要把鍋裡的米粒煮成米飯，最好記的方法，就是在鍋裡加入跟米粒同量的水。另外請事先買一隻有骨的雞腿，切塊，放進鍋裡跟米粒一起燉煮。

開始燉煮前，我們先在米粒裡加些鹽味。但如果鹽加多了，以後沒辦法挽救，所以請盡量不要弄得太鹹，最好把味道調得淡一點。如果再倒進少許清酒，煮出來的米飯或許味道會更好。

至於混進這鍋飯裡的材料，任何食材都可以放進去。

我們在前面也已說過，有些地方什麼都放，也有些地方什麼都不放，差別相當大。

我比較喜歡把亂七八糟的東西混在一起，譬如鮮香菇、冷凍蝦、炸魚肉、花蛤……等，不管什麼材料全都混在一起。

花蛤也是連殼下鍋，所以大鍋飯完成時，整個鍋裡顯得琳琅滿目，大家看了都會驚喜。

現在就介紹作法。先把油倒進中華鍋，沙拉油、橄欖油或奶油都可以，把油燒熱。

蝦子事先抽掉沙腸，連殼一起放進鍋裡翻炒。炒時放些大蒜，等蝦子變紅時，加入鮮香菇，繼續翻炒，接著，再加入已經吐盡沙石的花蛤，連殼一起丟進去炒，炒到花蛤的殼都張開為止。待所有的花蛤都開殼之後，撒些食鹽，然後把剛才炒好的那鍋雞腿飯倒進去，攪拌均勻。如果還想加些炸魚肉，最好趁這時放進去，比較不容易碎裂。這樣我們的西班牙大鍋飯就算完成了。

先把飯盛進西餐盤裡，撒一些切碎的荷蘭芹，吃時還可撒些胡椒粉，如果分量不多，也可當作下酒菜。

馬賽魚湯

法國沿海地區有一種料理叫做「馬賽魚湯」。吃這道料理時，是把混著番紅花和橄欖油香味的湯汁倒在油炸麵包上食用，湯汁裡蘊含大量各種海鮮，也配著麵包一起吃下去。我們日本人正好也是在四面環海的環境裡生活，我們偶爾仿照馬賽魚湯，把它做成一道火鍋式料理，應該也很好吃吧。

所以我就想像著，如果用一個陶鍋來做這道料理，做好之後，大家隨意挑出喜歡的材料放進自己的小盤，這不是天下最令人幸福的美食嗎？

但如果買回太多高級海鮮，萬一這道菜做失敗了豈不糟糕？所以我想大家還是先買些廉價又當令的魚蝦、貝類比較保險。

等大家練習幾回之後，比較有信心了，到時候不管是鯛魚也好，龍蝦也好，都可以毫不吝惜地放進鍋裡，讓它變成一道炫目燦爛的大菜。

我自己做這道菜所使用的材料，是現在正值盛產期的白姑魚、方頭魚（角魚更好）、星鰻、冷凍蝦，還有外型較小的文蛤。

如果沒有小型文蛤，花蛤也可以。喔，如果想用大型文蛤，當然也沒問題，但只限於荷包輕鬆的人才能買得起吧。

首先請把洋蔥一顆，大蔥兩、三根切成薄片，放進煮湯的鍋裡，倒一點橄欖油，細心地慢炒片刻。用沙拉油翻炒當然也沒問題，但為了讓大家更易想像自己正在法國南部海岸，我們還是花點小錢，買點橄欖油回來吧。

洋蔥和大蔥翻炒片刻後，在鍋裡注入一升清水。

裝水的同時，也撒下一小撮白米，這樣能使湯汁變得濃稠一些。我比較喜歡這種濃湯。此外，別嫌浪費，請倒進一杯左右的清酒或白葡萄酒，還有芹菜心、荷蘭芹的枝梗。可能的話，最好再把百里香、月桂葉、丁香等各種香料捆成一束，丟進鍋裡。其他如星鰻的腦袋、白姑魚的骨頭等，都可以放進鍋裡熬湯。當然，還有大蒜也別忘了。把大蒜兩、三瓣壓碎丟進湯裡，再放一顆番茄，隨意切成塊狀丟下即可。接著，撒些胡椒粉和一小撮切碎的番紅花。等到湯汁開始沸騰後，改換中火熬煮二十至三十分鐘，鹽味盡量淡一點。

另外把文蛤用水洗淨，冷凍蝦連殼縱切為兩半。

事先掏出魚類的肚腸，切成圓筒狀，薄薄地撒一層鹽，醃漬一下。大約醃三十分鐘，這種稍帶鹽味的魚肉，比較適合日本人的口味。

肉質較硬的魚肉鋪在陶鍋最底層，較易碎裂的魚肉、蝦、文蛤等密密地鋪在上層。事先熬煮一鍋蔬菜清湯（高湯），將雜質濾淨，把清湯倒入陶鍋裡，讓全部材料都淹沒在湯裡。

點燃陶鍋下的爐火。

澆下三大匙橄欖油，用大火燉煮十分至十五分，等到文蛤的殼全都打開時，這道魚湯就煮好了。

我做這道料理時，湯裡事先並不撒鹽，等到這時，我才加些鹽魚汁調味。

把炸麵包放在西餐湯盤的盤底，從鍋裡舀些喜愛的魚肉，連同魚湯一起澆在麵包上，吃時再撒些荷蘭芹。

鱈魚乾可樂餅（葡式鱈魚炸餅）

來到葡萄牙之後，各界友人都爭相邀我吃飯。

葡萄牙人遇到生日宴會或其他聚會，毫無例外，必定端出「葡式煮物」和「葡式鱈魚炸餅」招待客人。

所謂「葡式煮物」就是一種燉煮料理，葡萄牙人不管鍋裡燉煮著什麼，這道菜都叫做「葡式煮物」，但招待客人的「葡式煮物」卻有固定的規模與內容。

簡單地說，這是一道類似九州「什錦燉煮」[1]的雜燴式煮物。說起其中的材料，那可真是豪放至極。前幾天，安娜・瑪麗亞小姐煮了一鍋請我吃，她在鍋裡放了牛肉七五〇公克、雞半隻、豬耳朵和豬腳各一個、法里內拉香腸一根、西班牙肉腸一根、血腸一根，此外還有胡蘿蔔、高麗菜、蕪菁、蕪菁葉、馬鈴薯、番茄等。所有的材料放在鍋裡燉煮一、兩小時，但因為這道料理不太適合日本人，所以就不多說了，今天只向各位介紹「葡式鱈魚炸餅」的作法吧。

「葡式鱈魚炸餅」是一道非常簡單的料理，只需把鱈魚乾、馬鈴薯、洋蔥等用蛋汁混在一起，另外撒些荷蘭芹，放進油鍋炸成塊狀即可，所以我想日本人應該會很喜歡。

更何況，這道菜名聽起來很像「笨蛋炸餅」[2]，所以大家都利用這個「笨蛋」，做一道令人開心的葡萄牙料理吧。這道菜不僅可以給小孩當點心吃，也可給大人當作有趣的下酒菜。

材料所需的鱈魚乾，就用日本的鱈魚乾（太平洋鱈魚），完全沒問題。像這種乾得硬邦邦的鱈魚乾，葡萄牙任何一家食品店都能買得到，我現在只需準備一把大菜刀，用來把魚乾敲碎。

如果在日本購買材料，就請各位買一整條鱈魚乾，回家以後分成三、四次使用吧。

下面講解作法。鱈魚乾約兩百公克，用水洗淨，放進水中浸泡，浸泡時間從兩、三小時至一、兩天，皆可。這是為了洗去鹽味，並且讓魚肉發開變軟。

荷蘭芹五、六根，切碎。梗部不用，只需切碎葉子。個頭較大的洋蔥半顆，切成碎粒。兩、三顆馬鈴薯，削皮，水煮之後，壓成馬鈴薯泥。

鱈魚從水裡撈起來之後，拆散魚肉，放進鍋中水煮，大約需要燉煮四十分鐘左右。然後

---

1 什錦燉煮：九州北部的鄉土料理，名稱來自「混在一起」的博多方言，最初採用鱉肉與香菇、芋頭、蓮藕、牛蒡、胡蘿蔔等燉煮而成，現代已將鱉肉改為雞肉。同樣的料理在九州以外地區叫做「筑前煮」。

2 笨蛋炸餅：葡萄牙文的「鱈魚乾」（Bacalhau）唸起來的發音跟日文的「笨蛋」（bakayaro）很像。

把魚骨挑出，盡量仔細，連細小的魚刺也不要放過。

魚肉濾乾水分後，磨成肉泥。葡萄牙幾乎所有的家庭都有電動攪拌器（磨碎機），我們在日本做這道料理時，最好使用研磨缽。

仔細研磨魚肉，細心剔除魚刺，最後把馬鈴薯泥倒進研磨缽一起攪拌。馬鈴薯泥的分量大約相當鱈魚肉泥的一半即可。

雞蛋一個，把蛋白與蛋黃分開，先把蛋黃倒進研磨缽，跟魚肉和馬鈴薯泥攪拌在一起。蛋白必須跟蛋黃分開加進去，先用力將蛋白打成泡，待蛋黃混入魚肉之後，才把蛋白倒進研磨缽。關於這一點，這兒的葡萄牙農村姑娘再三叮囑我一定要照辦。

加進蛋白之後，切碎的洋蔥粒和荷蘭芹也倒進去，接著再撒些鹽和胡椒。不過鱈魚肉應該還有殘留的鹽味，所以只撒些胡椒比較保險。

接下來，請用兩手各握一根湯匙，舀些肉泥，用湯匙弄成紡錘形丸子，每個丸子長約五、六公分，都具有三個稜面。這項作業可是這些姑娘最得意的特技，據說日本那些自稱大師的葡萄牙料理專家都辦不到呢。

最後把魚肉丸放進植物油裡完全炸熟，這道菜就完成了。

牛腱湯和牛肉鬆

有些食物需要花費很長的時間進行處理，但日本人似乎很不擅長烹製這類料理。或許並不只是日本人吧。最近的美國人或歐洲人可能也都覺得簡便第一，大家寧願吃速成食品，而不肯花費五小時或八小時製作料理，或甚至會覺得這種費工的事情有點愚蠢。

但事實上，很多美味的食物若不經過漫長的烹製過程，根本就沒法入口。就拿牛尾來說吧，要想燉煮到真正變軟的話，非得花上六至八小時才可能辦到呢。

燉煮牛尾的方法，我想留待以後再向各位慢慢解說，今天我先介紹一道簡單又美味的燉湯吧。

這道菜確實非常美味，作法又很簡單，但卻必須連續燉煮好幾小時。不，應該說，這道料理每天都可用火燉煮一遍，而且用途很多，譬如今天用來做拉麵的麵湯，明天又可以當作咖哩飯的高湯。

從前有一種叫做煤球爐的東西，做這種需要費時燉煮的料理，煤球爐真是一大寶物。喔，不過，就算使用瓦斯爐，只要我們把火力調到最弱的小火，也不會特別麻煩。雖說需要花費很長的時間，卻一點也不費事，只要注意不讓湯汁煮乾，不把鍋子燒焦，不讓瓦斯爐關火，就沒問題了。

下面就說明作法。請各位痛下決心，去買五百公克或一公斤的整塊牛腱回來。

牛腱的價錢我不太記得了，大概一百公克六十圓或八十圓吧。但這道牛腱湯做好之後，我們可以用來煮咖哩湯，還可以把牛腱炒成肉鬆，連最後一根筋都能啃下肚去，從這個角度來看，牛腱應該不算太昂貴吧。

請把整塊牛腱肉放進一個大鍋，裝滿清水，投入五、六瓣大蒜，一、兩塊生薑，還有大蔥的綠色部分，也丟進五、六根吧。

此外，也可根據各人的喜好，再放兩、三顆洋蔥，一、兩根胡蘿蔔。洋蔥放得多，湯汁的甜度就會增加，喜歡清淡口味的人，最好不要亂放洋蔥。等煮好之後，用這湯汁來做咖哩湯或燉煮料理的時候，再放洋蔥比較好。

如想讓湯汁變成茶褐色，可在煮湯之前，先把切碎的大蔥或洋蔥跟肉塊一起油煎一下，讓肉塊表面煎得有點焦黃，這樣就能煮出像威士忌酒一樣黃褐的湯汁。

不一會兒，鍋裡的湯汁煮滾了，雜質和泡沫漸漸布滿湯汁的表面，請小心地用鐵勺舀出雜質和泡沫，並用杯子不斷加入清水。如果家裡有喝剩的清酒或威士忌，當然也可以倒進鍋裡。

這時請把瓦斯爐調成小火，開始耐心地慢火燉煮一整天，並不時地補足蒸發的水分。如果喜歡把湯汁熬得濃一點，就不需加水，逐漸讓水分收乾即可。

各位請看，鍋裡已經煮出透明又美味的湯汁了吧？把上層透明的部分舀些出來，只放些切碎的洋蔥進去，或把馬鈴薯、胡蘿蔔、蘿蔔切丁放進去熬煮片刻，就會變成另一道非常美味的料理。

這道湯用來當作拉麵的麵湯，更是風味絕佳。

從湯裡撈出煮得很軟的肉塊，既可放進咖哩飯，也可代替拉麵裡的叉燒肉，或者還可當作燉煮料理的材料，總之，這塊牛腱肉可以當成罐頭牛肉，不管放在哪道菜裡都用得上。

我通常是把這塊牛腱放進鍋中，一面倒些植物油，一面細心地把它炒乾，炒碎，再加些大蒜、生薑、五香粉等，把肉炒成醬油風味的牛肉鬆。最好炒成鬆散的碎粒狀，這樣才比較好吃。如果家裡有微波爐的話，最後這個步驟可用微波爐代勞，效果會更好。炒乾之後，再淋些麻油，一道美味的牛肉香鬆就完成了。

西班牙醋拌章魚

當我悠閒地走在西班牙各地的街道上，最令我高興的是什麼？那就是小巷裡的居酒屋或大眾食堂的櫃台上，總是擺滿了琳琅滿目的各種下酒菜。

譬如我現在正在馬德里，昨晚我鑽進一家大眾食堂，店裡的櫃台上放著整排小菜，從右向左依次是：醋漬沙丁魚、油漬蘑菇、蒜味貽貝、烤辣椒，還有鹽水煮過的小貝殼，看起來就像田螺那麼小，此外，還有炸魷魚、番紅花煮花蛤、油炒鰻魚子……等一下，再往左邊看，那是什麼呢？

是的，左邊那位是西班牙醋拌章魚。

不久前，我在聖塞瓦斯帝安走進一間有名的海鮮酒吧時，也看到這道醋拌章魚，當時試吃了一次，覺得味道很不錯，我就一邊喝酒，一邊開始分析、推測、研究這道菜的作法。回到旅館之後，我又把店家的女兒伊沙貝拉小姐叫來，問她這道西班牙醋拌章魚怎麼做。誰知她竟答說，這道菜吃是吃過，卻從來沒有做過。這回答真叫我傷心。

但我並不放棄，又對她說，那拜託妳去詳細打聽一下作法吧。黃昏時，伊沙貝拉笑咪咪地來到我面前，充滿自信地對我說：那東西，一點也不難做。

於是我按照她的吩咐，買來各種需要的材料，試著把這道菜做出來，沒想到味道還挺好吃的。

但跟我同行的畫家關合[1]卻堅持道：

「不，我還是來做日本式醋拌章魚吧。」

說著，他特地做了一道日式醋拌章魚，但才吃了一、兩口，就放棄了。

「哎呀，好像還是西班牙醋拌章魚味道更好。」

說完，他也不再堅持，決定改吃我做的西班牙醋拌章魚。

好，現在我就說明作法。材料還是日本的普通章魚味道最好。我在聖塞瓦斯帝安買到的章魚，味道有點像日本的北太平洋巨人章魚，不過吃起來感覺還不錯。

先把兩、三隻章魚腳用鹽水煮一下，然後把章魚腳切成小方塊，盡量切得小一點。洋蔥半個也切成小塊或小方塊，跟章魚拌在一起。番茄剔除種子，削皮，亂刀切成小塊，切得越小越好。

有些餐廳還會放些胡蘿蔔，也有些餐廳不放。但是所有餐廳做的這道菜裡都有檸檬，全都是切成小碎片。也可撒下少許切碎的檸檬皮。

---

1 關合：指日本畫家關合正明（一九一二─二〇〇四）。

每家餐廳的這道菜裡都有大蒜，都是切成碎粒，而且都放得很多。

洋蔥和章魚攪拌均勻後，撒些鹽和胡椒粉，淋一些醋，再淋些沙拉油（或花生油），分量大約是醋的兩倍，另外請再滴兩、三滴橄欖油。也可加入少量的美乃滋，味道應該也很不錯。

大畫家闞合放棄日式醋拌章魚，吃了我做的西班牙醋拌章魚後忍不住讚嘆道：「喔！橄欖油的香味還是很棒的！」

聖塞瓦斯帝安的西班牙醋拌章魚裡還要撒些磨碎的蛋黃，所以我也請伊沙貝拉小姐用大蒜研磨器幫我磨一些水煮蛋的蛋黃。

最後端上桌之前，有一樣東西絕對不可缺少，那就是荷蘭芹。請大家切碎荷蘭芹，撒在料理上面。

有些餐廳雖然也撒了荷蘭芹，卻是另一種荷蘭芹。其實那種香料應該算是芫荽（香菜），因為氣味比較刺鼻。

西班牙式與松江式煎炒鮮貝

來到西班牙之後，我在各地大街小巷隨意閒逛，結果發現不論在馬德里或是巴塞隆納、塞維爾，到處都能看到小酒吧或專賣海鮮的小吃店。

原以為只有愛好杯中物的人才會走進那種店裡，誰知事實並非如此，許多貌似學生的女孩，或剛看完電影的粉領族都會走進去，站在那兒吃點小菜或喝杯飲料。

這類店裡最常見的料理就是番紅花燉煮的花蛤或藻貝（類似血蛤的小型貝類）。不，其實不該說用番紅花燉煮，或許該說是用番紅花煎炒吧。

花蛤在日本的烹製法好像都一成不變，不是用來煮味噌湯、菜湯，就是用味噌饅[1]醬料涼拌。偶爾，我們也來像西班牙人那樣，把花蛤跟番紅花煎炒一番如何？

對了，不知各位是否知道，日本其實也有一道料理跟這道西班牙花蛤鍋幾乎完全一樣，

1 味噌饅：用醋、糖、芥末醬與味噌醬混合而成的醬料，通常使用白味噌醬。用來涼拌大蔥、小蔥、海帶芽、魷魚、貝類或鮪魚。是一種日本傳統料理。

那就是松江的香煎鮮貝。

除了不使用番紅花之外，松江的這道料理幾乎可說跟西班牙的香煎鮮貝完全一樣。

事實上，松江地區使用的貝類也不是花蛤，而是血蛤。但名字雖叫血蛤，其實是軟帽峨螺，這種貝類在九州有明海附近能夠大量捕獲。

所以說，今天我打算同時把這兩種作法都試驗一下，一種是松江式，另一種是西班牙式。

西班牙的餐廳端出這道菜的時候，都是用一個樸素的陶鍋，鍋裡咕嘟咕嘟冒著熱氣端到客人面前來。不過，我們不必在意這些，今天就用大型中華鍋，一口氣炒出松江式和西班牙式，倒在盤裡即可。

今天我雖然要用藻貝做這道菜，但並不是非用藻貝不可。只因我現在身在葡萄牙的菜場，剛好只找到了藻貝而已。

首先讓我們來做松江式的香煎鮮貝吧。

請把花蛤放在水裡，讓牠們全部吐盡沙石。

猛火燒熱中華鍋，把花蛤全部倒進去，澆些清酒，再澆些醬油。

等到花蛤的殼全都張開了，再稍加攪拌，這道料理就做好了。等於就是用清酒和醬油煎炒出來的，味道非常鮮美。

什麼！這麼簡單的料理！或許大家都要罵我了。可是料理簡單也不是什麼壞事嘛，對吧？

請各位都試著做做看。世上竟有這麼簡單又這麼美味的料理！相信大家一定會很感動。

如果從開始就先倒些麻油，再把花蛤倒進過去煎炒，這種作法或許比較能討年輕人的歡喜。

接下來我們再按照西班牙式做做看。

唯一不同處，就是加入番紅花的香氣和色彩。

先把花蛤放在水裡，吐盡沙石。

番紅花放進白葡萄酒裡煮沸，讓它的色彩和香氣都先溶進葡萄酒裡。

把大鍋放在火上燒熱，請注意，要用猛火。倒些沙拉油，放進一瓣大蒜，還有辣椒。這兩樣東西都是西班牙料理不可或缺的材料。

緊接著，把貝類全部倒進鍋裡。撒些食鹽、胡椒粉，然後把浸泡番紅花的白葡萄酒全部倒進鍋裡。

等到貝殼一個個張開了嘴，這道菜就做好了。

貝殼打開後，立刻把鍋中材料全部攪拌一下，就可儘速盛裝在盤裡。

今天為了弄得像樣一點，我特別還把鹽醃過的魚肉（鱸魚）切成小方塊，一起倒入鍋裡，結果做出來的味道，就跟我在馬德里的居酒屋吃到的一模一樣。

燉牛尾

每當我走進澀谷的「小川軒」，老闆都會不加思索地笑著問我：「要吃老檀燉煮[1]吧？」所謂「老檀燉煮」就是把燉牛舌和燉牛尾放在一個碗裡。如果有人問我，世界上，你最喜歡吃什麼？我大概會回答說：「牛舌和牛尾。」

怎麼會那麼好吃呢？我甚至很不好意思地深思過這個問題。或許因為牛舌頭和牛尾巴整天都不斷地進行伸縮運動，所以才那麼好吃吧？

寫到這兒，我想起澳洲有一道料理是用袋鼠尾巴做的湯。但我記得那種湯喝起來，似乎令人聯想到沙漠，給人一種荒涼的感覺。

跟袋鼠的尾巴比起來，牛尾的味道真是香醇濃厚，不論煮湯、燉煮，或做成中國式清燉、日本式紅燒，都非常美味。

但大家必須先做好心理準備，今天這道料理燉煮起來，需要花費極漫長的時間。

我在家做這道菜，總是使用壓力鍋，因此燉牛尾究竟要花幾小時，我都已經忘了。這次來到歐洲，因為手邊沒有壓力鍋，只好從一鍋清水開始燉煮，現在我才知道，前後剛好花費八小時，才能讓牛尾燉爛到適當的程度。

所以今天也請各位做好心理準備，這道料理需要八小時的預煮時間。

日本的牛尾在百貨公司能買到，一般都切成七、八公分長的圓筒狀，而在葡萄牙農村出售的牛尾，卻是長長的一整條。

找把銳利的菜刀，隨便切成小段就行啦。如果您以為牛尾那麼好切，那可就想錯了。牛尾必須從關節處下刀，即使是切蔬菜的菜刀，只要找到了關節，就能輕鬆地把它切斷。而牛尾關節之間的距離是固定的，大約都是七、八公分。

好，我們今天就用這牛尾來做一道紅燒牛尾吧。

等一下，可別高興得太早。不論是紅燒也好，清燉也好，基本功是一樣的，都得先用清水燉煮八小時。

真正的烹製工作，是在八小時水煮之後才開始呢。

首先，請大家用手摸索著牛尾的關節，把牛尾切成長度相同的小段。不，不用特意切成相同長度，只要菜刀順著關節往下切，肯定最後就能切成同樣長度的圓筒狀。

---

1 老檀燉煮：作者每次走進「小川軒」，總是無法決定究竟吃牛舌還是吃牛尾，所以老闆特別幫他把牛舌牛尾裝在一個碗裡。又因為「牛舌」的日文發音跟「檀」的日文發音相近，老闆便把這道專門為作者提供的料理戲稱為「老檀燉煮」。

大蒜兩瓣、生薑一塊，兩者都壓扁，洋蔥半顆切片。大型平底鍋或中華鍋裡倒進豬油或沙拉油，再把上述的洋蔥、生薑和大蒜下鍋爆炒。

火力開到最大，用猛火爆炒牛尾，將表面炒成焦黃。

爆炒片刻後，加入大量清水，倒進更深的大鍋，用中火慢慢燉煮八小時。

當然，性急的人可以使用壓力鍋，大約只需四十分鐘就燉好了。

但如果想煮成一鍋美味的牛尾湯，還是花上八小時，咕嘟咕嘟咕嘟咕嘟，一面煮一面把湯裡的泡沫和雜質舀出來，不時地補足清水，嘗嘗湯味，我想，這也是一件很有趣的工作。

只要往鍋裡撒些食鹽，放些月桂葉、丁香、荷蘭芹等香料，立刻就是一碗鮮美的牛尾湯。

燉煮八小時之後，撈出兩、三段牛尾，放進另外的鍋裡，加入醬油、味醂、大蔥等熬煮片刻，味道調得濃一些，就能變成一道非常美味的家常菜。

燉牛肉

今天這道燉牛肉，我將要奢侈地使用大量紅葡萄酒，把它做成一道燉煮料理的王者。但我卻沒想到，葡萄牙的鄉間很難買到芹菜，所以今天只好把芹菜省略。不過，各位要做這道料理的話，一開頭醃漬牛肉的過程中，最好還是把胡蘿蔔、洋蔥、芹菜統統放進去。寫到這兒，我想起最近正要把稿件寄出時，剛好碰上喧嚷熱鬧的葡萄牙狂歡節開始了，所以我只好立刻轉移陣地來到巴黎。出乎意料的是，這裡蔬菜肉類的品種繁多，各種食材的品質既細緻又奢華。

唯一令人遺憾的是，巴黎的物價跟東京一樣驚人，我現在真想快點逃回葡萄牙去呢。還是言歸正傳吧。做這道料理時，如果大家能買塊牛臀肉或其他什麼特別的部分，當然非常好，但我們也不必那麼浪費，只要能買塊牛腹肉，就算很高級了，或者也可趁著澳洲進口牛肉大減價的時候，再痛下決心，多買點回來。我在葡萄牙倒是挺幸運，那裡的上等牛肉很便宜，每公斤只要日幣五百圓，害我總是高興得昏了頭，動不動就買兩、三公斤回來做菜。

好，首先請大家把大蒜一、兩瓣壓碎，再把洋蔥切成厚片。洋蔥大約需要一、兩顆，數量根據肉塊大小而定。另外還需要胡蘿蔔和芹菜，分量大約相當於洋蔥的一半，全都切成小塊。

我們先把上述的蔬菜放進大碗，攪拌均勻，肉塊也切成方塊，大小可根據各人的喜好而定。切好之後，細心撒上食鹽和胡椒，拌勻，放在蔬菜的中央。接下來，不要心疼，狠狠地倒滿紅葡萄酒，讓肉塊和蔬菜全都浸泡在酒裡。

浸泡的過程中，偶爾翻攪一下，讓上層的蔬菜和肉塊移到下層。就這樣浸泡一整晚。

葡萄牙的葡萄酒非常便宜，所以我用起來一點也不心痛。但我想日本的甲州葡萄酒應該比清酒便宜吧。各位就想成是每個月到餐廳打一次牙祭好了，發個狠心，在牛肉和蔬菜上多倒些葡萄酒吧。

好，浸泡一晚之後，第二天，請把肉塊小心地撈出來，擦乾表面的汁液。請不要覺得浪費，因為我們等一下要把肉塊放進鍋裡油煎，把肉塊表面煎出幾許焦黃和一層薄膜。

鍋子可以使用平底鍋，或其他任何鍋子。點燃猛火，放進一些豬油、沙拉油或奶油，一口氣把肉塊丟進去，將表面煎成金黃色。

肉塊表面煎出幾分焦黃時，把肉塊撈出來。再把原先浸泡在葡萄酒裡的蔬菜放進鍋裡。蔬菜從碗裡取出時，像絞乾毛巾似的擠一下，然後跟鍋裡殘留的肉汁一起翻炒，如果手邊有番茄、青椒，也可切碎了一起丟下去翻炒，這樣燉出來的牛肉，或許能有更多樣的滋味。

蔬菜類逐漸炒成金黃色，接著又變成深褐的焦糖狀。這就對了！請先關火，等鍋裡稍微變冷，把炒好的蔬菜全部倒在乾淨的抹布上，然後用力把蔬菜的湯汁全都擠進燉煮的大鍋裡。

原先浸泡肉塊和蔬菜的葡萄酒也全部倒進鍋裡。當然，肉塊也要倒進去。另外再倒些清水或高湯，水位必須淹過肉塊。接著，點燃小火開始燉煮，最少也要耐心地燉煮兩、三小時。

請大家不時地舀出漂浮在肉塊上的泡沫或雜質，常常查看一下鍋裡，不要讓湯汁煮乾了。

剛才已用抹布擠乾水分的蔬菜，如果覺得丟掉太可惜，可用醬油、辣醬油之類的調味料炒乾，吃飯時可以撒一點，或者拿來當作下酒菜。我呢？當然也不會把這些蔬菜丟掉。我剛開始做這道料理時，是用攪拌器把蔬菜全部攪碎，然後倒進燉牛肉的湯汁裡。但後來我嫌這種作法味道太腥，所以才想到利用這些蔬菜改做其他料理。

譬如用咖哩粉煎炒一下，說不定也很不錯。

好，牛肉燉煮兩、三小時之後，肉質已經變得很軟，肉汁的顏色也逐漸露出沉穩的光澤。

這時我們開始處理放進湯汁裡的洋蔥。先剝掉洋蔥皮，切成片狀，不必切得太細，可把整顆洋蔥直接切成厚片。

鍋裡放些豬油，翻炒那厚厚的洋蔥片，想辦法把那些大塊洋蔥都炒成漂亮的焦黃色。

另外再找一個鍋子開始調製棕色醬料。一聽到製作棕醬，或許有人就開始發抖了。其實只要把奶油放進平底鍋，慢慢煎炒麵粉，等麵粉都炒成金黃色，倒進一些高湯，再用木勺細心地把麵粉溶化在湯裡就行了。

不過這道手續我也很害怕，因為麵粉總是被我弄成一團一團的。所以每次做到這兒，我總會找個藉口，叫別人代勞。「突然想喝一杯了。阿木（柳川方言的「老媽」）！來幫我一下。」

但孩子的媽現在不在葡萄牙，我也不能叫她幫忙，就只好把木勺交給名叫奧黛茲的女傭吧。

寫到這兒，我想起一段題外話。有一天，這個女傭奧黛茲（也可叫做「奧黛黛」）出門去買菜，在路上跟別人閒聊起來，聊著聊著，就忘了回家，反而是跟去的狗兒自己先回來了。為了紀念這段軼事，我還編了一段歌詞：

奧黛黛回來了嗎？我在門邊等待，
奧黛黛一直不來，狗兒倒先來了。

繼續再說我們的燉牛肉吧。用木勺調好棕醬之後，把醬料倒進燉肉鍋裡，再用木勺把醬料和湯汁攪拌均勻。

這時可把香料丟進去，譬如月桂葉、丁香、百里香、荷蘭芹的菜梗……為了煮好後比較容易撈出來，請用繩子把香料全都捆成一束。

接著，調整鹹淡。只用食鹽的話，味道顯得太單調，可以加些辣醬油、純番茄醬……

喔，對了，還可以倒些醬油，大概也很不錯。如果希望增添幾分酸甜的話，不妨偷偷地放些果醬，就當作是在調製自家獨特的祕方，豈不是很有趣？

我自己做這道菜時，比較希望增加一些苦味與色澤，所以我通常會事先熬些焦糖，倒進湯汁裡。

調味工作完成後，把剛才煎炒成金黃色的洋蔥全部倒進鍋裡，另外還可把胡蘿蔔切成適當小塊，也一起丟進去。

整個燉煮鍋放進烤箱，烤到湯汁表面有些焦褐時，拿出來攪拌一番，再放進去烤，然後再拿出來攪拌，這道手續反覆多次，持續約一、兩小時之後，一道散發出漂亮光澤的燉牛肉就完成了。

最後還可放進一些蘑菇，把湯汁再度煮滾，就算大功告成。除了蘑菇之外，也可配些馬鈴薯、豌豆莢、義大利麵……等，全都用鹽水煮熟，配著燉牛肉一起吃，味道真的很棒。

或許有人覺得這道料理太費時又太費事，您不妨利用老爺出差的時候，花上一整天試做一次，當您做出這道此生最豪華的料理時，出差回來的老爺肯定會大吃一驚吧。

國家圖書館出版品預行編目資料

男子漢的家常菜／檀一雄原作；章蓓蕾譯.
-- 初版. -- 臺北市：麥田出版：家庭傳
媒城邦分公司發行, 2016.01
面； 公分. --（和風文庫；17）
譯自：檀流クッキング
ISBN 978-986-344-301-8（平裝）

1.食譜

427.1 104027094

和風文庫 17

男子漢的家常菜

原　　作　檀一雄
譯　　者　章蓓蕾
責任編輯　謝濱安
封面設計　江孟達
校　　對　吳美滿

國際版權　吳玲緯
行　　銷　艾青荷　蘇莞婷
業　　務　李再星　陳玫潾　陳美燕　枡幸君
副總編輯　巫維珍
副總經理　陳瀅如
編輯總監　劉麗真
總 經 理　陳逸瑛
發 行 人　涂玉雲
出　　版　麥田出版
地址：10483台北市中山區民生東路二段141號5樓
電話：(02)2500-7696　傳真：(02)2500-1966
發　　行　英屬蓋曼群島商家庭傳媒股份有限公司城邦分公司
地址：10483台北市中山區民生東路二段141號11樓
網址：http://www.cite.com.tw
客服專線：(02)2500-7718；2500-7719
24小時傳真專線：(02)2500-1990；2500-1991
服務時間：週一至週五 09:30-12:00；13:30-17:00
劃撥帳號：19863813　戶名：書虫股份有限公司
讀者服務信箱：service@readingclub.com.tw
香港發行所　城邦（香港）出版集團有限公司
地址：香港灣仔駱克道193號東超商業中心1樓
電話：+852-2508-6231　傳真：+852-2578-9337
電郵：hkcite@biznetvigator.com
馬新發行所　城邦（馬新）出版集團【Cite(M) Sdn. Bhd. (458372U)】
地址：11, Jalan 30D/146, Desa Tasik, Sungai Besi, 57000 Kuala Lumpur, Malaysia
電話：+603-9056-3833　傳真：+603-9056-2833
電郵：cite@cite.com.my
麥田部落格　http://ryefield.com.tw
印　　刷　中原造像股份有限公司
初版一刷　2016年1月
售　　價　330元
ISBN：978-986-344-301-8

城邦讀書花園
www.cite.com.tw
Printed in Taiwan
本書如有缺頁、破損、裝訂錯誤，請寄回更換